JN297329

ノンパラメトリック法

村上秀俊 [著]

統計解析
スタンダード
国友直人
竹村彰通
岩崎　学
[編集]

朝倉書店

まえがき

　本書はシリーズ〈統計解析スタンダード〉の中で『ノンパラメトリック法』という題目で執筆したものである．統計学の基礎を修得した学部上級から研究者・実務家を想定して理論・方法論を体系的にまとめている．
　通常の統計的手法では，母集団分布に正規分布，指数分布，一様分布など特定の分布を仮定し，未知パラメータに関して分析を行う．しかしながら，母集団分布に正規性が仮定できない場合や特定の分布を仮定する根拠が見出せないことは多く存在する．このような場合に必要となってくるのがノンパラメトリック法 (nonparametric methods) という統計手法である．ノンパラメトリック法とは，母集団分布に依存しない統計手法の総称であり，1930年代はじめ頃から，医学，自然科学，心理学，経済学，工学といった様々な分野で利用・応用されてきた．1960年代後半にはノンパラメトリック法の土台となる理論がほぼ構築され，1970年代初期に線形モデルに対してノンパラメトリック法が展開された．1980年代初期には，電子データ処理の急速な発達がノンパラメトリック法のさらなる発展のためには必要不可欠なことと予見されていた．実際に，コンピュータの発達に伴って目覚ましい発展がなされてきた．そして現在では，ノンパラメトリック法は統計学の中で最も重要な手法の1つとして知られている．ノンパラメトリック法が広く用いられるようになった主な要因には，母集団分布に関する仮定が少なく，応用しやすいことにある．しかし，どんな場合にもノンパラメトリック法を用いればよいという訳ではない．例えば，母集団分布に特定の分布が仮定されるのが分かっている場合は，ノンパラメトリック法よりパラメトリック法が良い結果を得ることができることに注意されたい．
　ノンパラメトリック法といっても様々な手法があるが，本書では，ノンパラメトリック法の中でも主要な地位を占める順位に基づく手法に重点をおいている．

この順位に基づく手法の出発点となったのが Wilcoxon (1945) の論文である．当初この手法は，順位データしか用いないため，データからの情報を十分に活用できず検出力が低くなるのではないか? という懸念もあったが，しかし，後に述べる漸近相対効率によって，順位和検定の検出力が大変高いことを示すことができたのである．これらは Pitman (1948) や Hodges and Lehmann (1956)，Chernoff and Savage (1958) によって明確にされた．これらの事実によって，順位データを用いているために検出力が悪くなるという懸念を払拭できた．

本書では，ノンパラメトリック法の基本となる解析法を取り上げた．ノンパラメトリック法で不可欠となる順序統計量の基本概念について第 1 章で述べている．1 標本検定問題は，大きく "母集団分布に対する適合度" を検証するタイプと "母数" を検証するタイプに分類することができる．そこで，第 2 章では，母集団分布の適合度検定，第 3 章では，母数に対する検定統計量について述べている．独立な 2 標本検定問題がノンパラメトリック法の大部分を占めているため，第 4 章では，線形順位和検定の基本的性質，および様々な検定統計量について例題を含めて紹介している．第 5 章では多標本検定問題を "1 元配置分散分析" と "2 元配置分散分析" に分けて紹介している．また，第 6 章では，ノンパラメトリック法の妥当性・良さを示す指標の 1 つである漸近 (相対) 効率について，基本概念を紹介し，具体的な検定統計量を用いて理解を深めている．そして，第 7 章では，2 変量データに対する検定統計量を例題をふまえて紹介している．ノンパラメトリック法に関する素晴らしい文献は多数存在するが，本書を執筆するにあたり Gibbons and Chakraborti (2011)，Hájek et al. (1999)，Lehmann (2006)，柳川 (1982) を特に参考にさせていただいた．ここに記して感謝します．

最後に，本シリーズの執筆をさせていただけましたこと，編集委員の岩崎学先生，竹村彰通先生，国友直人先生に心より感謝申し上げます．また，本書の編集にあたり，朝倉書店編集部の方々より多大なるご助言をいただけましたこと，心より御礼申し上げます．

2015 年 8 月

村上 秀俊

目　次

1. 順序統計量 ··· 1
   1.1 はじめに ·· 1
   1.2 順序統計量の分布 ··· 2
   1.3 順序統計量の同時分布 ··· 9
   1.4 中央値と幅の分布 ··· 14
   1.5 順序統計量の積率への近似 ·· 17

2. 適合度検定 ··· 19
   2.1 ピアソンの χ^2 検定 ·· 19
   2.2 経験分布関数 ··· 21
   2.3 コルモゴロフ–スミルノフ検定 ·· 23
   2.4 クラメール–フォン・ミーゼス型検定 ·· 27
       2.4.1 クラメール–フォン・ミーゼス検定 ·································· 27
       2.4.2 アンダーソン–ダーリング検定 ·· 29
   2.5 ワトソン検定 ··· 30

3. 1 標本検定問題 ·· 32
   3.1 はじめに ··· 32
   3.2 ウィルコクソン符号付き順位検定 ·· 33
   3.3 符号検定 ··· 37
   3.4 カプラン–マイヤー推定量 ·· 40
   3.5 マクネマー検定 ·· 42

目次

- 4. 2標本検定問題 ································· 45
  - 4.1 はじめに ································· 45
  - 4.2 線形順位統計量の定義と分布および性質 ··············· 46
  - 4.3 漸近正規性と漸近検出力 ······················· 51
  - 4.4 局所最強力検定 ····························· 53
  - 4.5 位置母数の検定 ····························· 54
    - 4.5.1 ウィルコクソン順位和検定 ················· 55
    - 4.5.2 マン–ホイットニーの U 検定 ··············· 59
    - 4.5.3 メディアン検定 ························· 62
    - 4.5.4 正規スコア検定 ························· 64
  - 4.6 尺度母数の検定 ····························· 66
    - 4.6.1 ムード検定 ··························· 67
    - 4.6.2 アンサリー–ブラッドレー検定 ··············· 69
    - 4.6.3 シーゲル–テューキー検定 ··················· 72
    - 4.6.4 正規スコア検定 ························· 73
  - 4.7 分布の同等性検定 ···························· 75
    - 4.7.1 レページ検定 ··························· 76
    - 4.7.2 ブルンナー–ムンツェル検定 ················· 78
    - 4.7.3 クッコニ検定 ··························· 80
    - 4.7.4 2標本コルモゴロフ–スミルノフ検定 ············ 81
    - 4.7.5 2標本クラメール–フォン・ミーゼス検定 ········· 84
    - 4.7.6 バウムガートナー検定 ····················· 86

- 5. 多標本検定問題 ··································· 89
  - 5.1 1元配置分散分析 ···························· 89
    - 5.1.1 クラスカル–ウォリス検定 ··················· 90
    - 5.1.2 ヨンキー–タプストラ検定 ··················· 93
    - 5.1.3 多標本ムード検定 ······················· 96
    - 5.1.4 多標本アンサリー–ブラッドレー検定 ············ 98
    - 5.1.5 様々な検定統計量 ······················ 100

5.2　2元配置分散分析 · 102
　　5.2.1　フリードマン検定 · 102
　　5.2.2　ページ検定 · 105

6. 漸近相対効率 · 107
　6.1　はじめに · 107
　6.2　漸近相対効率 · 108
　6.3　位置母数の検定：2標本検定問題 · 110
　　6.3.1　マン-ホイットニー検定の漸近相対効率 · · · · · · · · · · · · · · 111
　　6.3.2　正規スコア検定の漸近相対効率 · 113
　　6.3.3　修正型ウィルコクソン順位和検定の漸近効率 · · · · · · · · 114
　6.4　尺度母数の検定：2標本検定問題 · 116
　　6.4.1　ムード検定の漸近相対効率 · 117
　　6.4.2　アンサリー-ブラッドレー検定の漸近相対効率 · · · · · · · · 119
　　6.4.3　修正型順位和検定の漸近効率 · 120
　6.5　位置母数・尺度母数の検定：2標本検定問題 · · · · · · · · · · · · · · 121

7. 2変量検定 · 125
　7.1　はじめに · 125
　7.2　ケンドールの順位相関係数 · 126
　　7.2.1　ケンドールのτ · 126
　　7.2.2　相関の検定 · 131
　7.3　スピアマンの順位相関係数 · 133

- **A. 確率分布表** 137
- **B. R 言語の組込み関数** 164
  - B.1 R の基本操作 164
  - B.2 R の乱数 166
  - B.3 検定統計量 167

参 考 文 献 172
索　　　引 179

Chapter 1

順序統計量

データ解析をする際, 観測された標本を昇順 (降順) に並べ替えることが多くある. その大きさの順に並べたものを総称して順序統計量という. 順序統計量は仮説検定, 品質管理, 生存時間解析, 確率分布の特徴表現, 実データ分析など広範囲にわたる問題で適用されている. その順序統計量の性質および積率の特性を知ることは実用上きわめて重要な問題であることから, 多くの研究者によって様々な分布の順序統計量の研究がなされている. また, 次章以降で学ぶ内容では順序統計量の考え方が重要な役割を果たすこととなってくるため, 本章では順序統計量の基本的性質について理解することを目的とする.

1.1 はじめに

$X = (X_1, X_2, \ldots, X_n)$ を連続な分布関数 $F(x)$ から得られる確率標本とする. $X_1, X_2, \ldots, X_n$ が確率標本とは, $X_1, X_2, \ldots, X_n$ が互いに独立に分布していて, 各 X_i が同一の分布 $F(x)$ に従うことを意味する. 確率標本はしばしば無作為標本またはランダムサンプルとも呼ばれる. また, 対応する確率密度関数を $f(x)$ とする. $X_{(1)}$ を確率標本 $X_1, X_2, \ldots, X_n$ の最小値とし, さらに, $X_{(2)}$ を 2 番目に小さい値,..., $X_{(n)}$ を最大値とする. つまり, $X_{(1)} \leq X_{(2)} \leq \cdots \leq X_{(n)}$ はもとの確率標本を昇順にした標本を表している. これらは, 確率標本 $X_1, X_2, \ldots, X_n$ の順序統計量 (order statistics) と呼ばれている. 確率標本を昇順に並べ替えたとき, i 番目の値 $(1 \leq i \leq n)$, すなわち $X_{(i)}$ を i 番目の順序統計量と呼ぶ. ちなみに, 中央値は n が奇数のときは $x_{((n+1)/2)}$, 偶数のときは $\{x_{(n/2)} + x_{(n/2+1)}\}/2$ で与えられる. また, 確率標本の幅は $X_{(n)} - X_{(1)}$ によって求めることができる.

例題 $n=5$ とし，次のようなデータが与えられているとする．
$$X_1 = -0.3,\ X_2 = 3.6,\ X_3 = -1.1,\ X_4 = 2.4,\ X_5 = 4.5$$
このとき，順序統計量は
$$X_{(1)} = -1.1,\ X_{(2)} = -0.3,\ X_{(3)} = 2.4,\ X_{(4)} = 3.6,\ X_{(5)} = 4.5$$
となる．また，中央値は $X_{(3)} = 2.4$ となる．

例題 $n=6$ とし，次のようなデータが与えられているとする．
$$X_1 = -0.3,\ X_2 = 3.6,\ X_3 = -1.1,\ X_4 = 2.4,\ X_5 = 4.5,\ X_6 = 2.2$$
このとき，順序統計量は
$$X_{(1)} = -1.1, X_{(2)} = -0.3, X_{(3)} = 2.2, X_{(4)} = 2.4, X_{(5)} = 3.6, X_{(6)} = 4.5$$
となる．また，中央値は
$$\frac{X_{(3)} + X_{(4)}}{2} = 2.3$$
となる．

1.2　順序統計量の分布

$X = (X_1, \ldots, X_n)$ を n 個の独立な確率標本とし，確率密度関数，および分布関数をそれぞれ $f(x), F(x)$ とする．また，$F_{(i)}(x), i = 1, \ldots, n$ を i 番目の順序統計量 $X_{(i)}$ の分布関数とする．このとき，下図のような事象 $x < X_{(i)} < x + \delta x$

```
         i-1              1              n-i
─────────┼───────────────┼───────────────┼─────────
  -∞              x           x+δx              ∞
```

の起こる確率は，極小の δx に対して
$$\Pr(x < X_{(i)} \le x + \delta x) = \frac{n!}{(i-1)!1!(n-i)!} F(x)^{i-1}[1 - F(x+\delta x)]^{n-i}$$
$$\times [F(x+\delta x) - F(x)] + O((\delta x)^2) \qquad (1.1)$$
となる．(1.1) 式より，$X_{(i)}$ の密度関数は，

1.2 順序統計量の分布

$$f_{(i)}(x) = \lim_{\delta x \to 0} \left\{ \frac{\Pr(x < X_{(i)} \le x + \delta x)}{\delta x} \right\}$$
$$= \frac{n!}{(i-1)!1!(n-i)!} F(x)^{i-1}[1-F(x)]^{n-i} f(x) \qquad (1.2)$$

によって与えられる。ただし，$-\infty < x < \infty$ である．

例題 $i=1$ および $i=n$ の場合の確率密度関数について考える．(1.2) 式より，$-\infty < x < \infty$ において

$$f_{(1)}(x) = n[1-F(x)]^{n-1} f(x), \qquad (1.3)$$
$$f_{(n)}(x) = nF(x)^{n-1} f(x) \qquad (1.4)$$

を得る．

例題 $i=1$ および $i=n$ の場合の分布関数について考える．(1.3), (1.4) 式を積分することにより，$X_{(1)}, X_{(n)}$ の分布関数を求めること，もしくは，分布関数の定義より

$$\begin{aligned} F_{(1)}(x) &= \Pr(X_{(1)} \le x) \\ &= 1 - \Pr(X_{(1)} > x) \\ &= 1 - \Pr(\text{すべての } X_i > x) \\ &= 1 - [1-F(x)]^n, \\ F_{(n)}(x) &= \Pr(X_{(n)} \le x) \\ &= \Pr(\text{すべての } X_i \le x) \\ &= F(x)^n \end{aligned}$$

によって与えられる．

上記の例題では $i=1$ や $i=n$ のような特別な場合の確率密度関数や分布関数について考えたが，一般の i 番目の順序統計量の分布関数 $F_{(i)}(x)$ は

$$F_{(i)}(x) = \Pr(X_{(i)} \le x) = \sum_{k=i}^{n} \binom{n}{k} F(x)^k [1-F(x)]^{n-k} \qquad (1.5)$$

によって与えられる．また，(1.5) 式の別表記として

$$F_{(i)}(x) = F(x)^i \sum_{\ell=0}^{n-i} \binom{i+\ell-1}{i-1} [1-F(x)]^\ell$$

と表すこともできる. ここで, $0 < p < 1$ に対して,

$$\sum_{k=i}^{n} \binom{n}{k} p^k [1-p]^{n-k} = \int_0^p \frac{n!}{(i-1)!(n-i)!} t^{i-1}(1-t)^{n-i} dt$$

を用いることにより, (1.5) 式 は

$$\begin{aligned} F_{(i)}(x) &= \int_0^{F(x)} \frac{n!}{(i-1)!(n-i)!} t^{i-1}(1-t)^{n-i} dt \\ &= I_{F(x)}(i, n-i+1) \end{aligned}$$

とピアソンの不完全ベータ関数 $I_p(a,b)$ を用いて表すことができる. また, i 番目の順序統計量の原点周りにおける r 次積率は

$$\mathrm{E}(X_{(i)}^r) = \frac{n!}{(i-1)!(n-i)!} \int_{-\infty}^{\infty} x^r F(x)^{i-1} [1-F(x)]^{n-i} f(x) dx$$

によって与えられる.

例題 確率変数 X は, 確率密度関数 $f(x)$ および分布関数 $F(x)$ が

$$f(x) = \begin{cases} 1 & (0 < x < 1) \\ 0 & (\text{その他}) \end{cases}, \quad F(x) = \begin{cases} x & (0 < x < 1) \\ 0 & (\text{その他}) \end{cases}$$

である一様分布に従うとする. このとき, $X_{(i)}^r$ の積率について考える.

(1.2) 式より, $X_{(i)}$ の密度関数は

$$f_{(i)}(x) = \frac{n!}{(i-1)!(n-i)!} x^{i-1}(1-x)^{n-i} \quad (0 < x < 1)$$

で与えられる. したがって, $X_{(i)}$ の r 次積率は

$$\begin{aligned} \mathrm{E}(X_{(i)}^r) &= \int_0^1 x^r f_{(i)}(x) dx \\ &= \frac{B(i+r, n-i+1)}{B(i, n-i+1)} \\ &= \frac{n!}{(n+r)!} \frac{(i+r-1)!}{(i-1)!} \end{aligned}$$

となる. ここで,

$$B(p,q) = \int_0^1 y^{p-1}(1-t)^{q-1} dy, \quad p, q > 0$$

は完全ベータ関数である. 特に, 平均と分散は

$$E(X_{(i)}) = \frac{i}{n+1}, \tag{1.6}$$

$$V(X_{(i)}) = \frac{i(n-i+1)}{(n+1)^2(n+2)} \tag{1.7}$$

によって与えられる.

例題 確率変数 X は, 確率密度関数 $f(x)$ および分布関数 $F(x)$ が

$$f(x) = \begin{cases} e^{-x} & (0 \leq x < \infty) \\ 0 & (その他) \end{cases}, \quad F(x) = \begin{cases} 1 - e^{-x} & (0 \leq x < \infty) \\ 0 & (その他) \end{cases}$$

である指数分布に従うとする. このとき, $X_{(i)}^r$ の積率について考える.
(1.2) 式より, $X_{(i)}$ の密度関数は

$$f_{(i)}(x) = \frac{n!}{(i-1)!(n-i)!}[1-e^{-x}]^{i-1}[e^{-x}]^{n+1-i}$$

で与えられる. したがって, $X_{(i)}$ の $r-1$ 次積率は

$$\begin{aligned}
E(X_{(i)}^{r-1}) &= \int_0^\infty x^{r-1} f_{(i)}(x) dx \\
&= \frac{n!}{(i-1)!(n-i)!r}\bigg[(n-i+1)\int_0^\infty x^r[1-e^{-x}]^{i-1}[e^{-x}]^{n+1-i}dx \\
&\quad -(i-1)\int_0^\infty x^r[1-e^{-x}]^{i-2}[e^{-x}]^{n+2-i}dx\bigg] \\
&= \frac{n!}{(i-1)!(n-i)!r}\bigg[n\int_0^\infty x^r[1-e^{-x}]^{i-1}[e^{-x}]^{n+1-i}dx \\
&\quad -(i-1)\int_0^\infty x^r[1-e^{-x}]^{i-2}[e^{-x}]^{n+1-i}dx\bigg]
\end{aligned}$$

となる. よって,

$$E(X_{(i)}^r) = E(X_{(i-1,n-1)}^r) + \frac{r}{n}E(X_{(i)}^{r-1})$$

を得る. ただし, $X_{(i-1,n-1)}$ は $n-1$ 個の観測値の $i-1$ 番目の順序統計量を表す. 特に, 平均と分散は

$$E(X_{(i)}) = \sum_{\ell=1}^{i} \frac{1}{n-\ell+1},$$

$$V(X_{(i)}) = \sum_{\ell=1}^{i} \frac{1}{(n-\ell+1)^2}$$

によって与えられる．

指数分布から得られる順序統計量 $X_{(i)}$ の期待値は表 1.1 のようになる．

表 1.1 指数分布から得られる順序統計量の期待値

n	i	$\mathrm{E}(X_{(i)})$	n	i	$\mathrm{E}(X_{(i)})$
5	1	0.20000	15	11	1.23490
	2	0.45000		12	1.48490
	3	0.78333		13	1.81823
	4	1.28333		14	2.31823
	5	2.28333		15	3.31823
10	1	0.10000	20	1	0.05000
	2	0.21111		2	0.10263
	3	0.33611		3	0.15819
	4	0.47897		4	0.21701
	5	0.64564		5	0.27951
	6	0.84564		6	0.34618
	7	1.09564		7	0.41761
	8	1.42897		8	0.49453
	9	1.92897		9	0.57786
	10	2.92897		10	0.66877
15	1	0.06667		11	0.76877
	2	0.13810		12	0.87988
	3	0.21502		13	1.00488
	4	0.29835		14	1.14774
	5	0.38926		15	1.31441
	6	0.48926		16	1.51441
	7	0.60037		17	1.76441
	8	0.72537		18	2.09774
	9	0.86823		19	2.59774
	10	1.03490		20	3.59774

例題 確率変数 X は，確率密度関数 $f(x)$ および分布関数 $F(x)$ が

$$f(x) = \frac{e^{-x}}{(1+e^{-x})^2}, \quad F(x) = \frac{1}{(1+e^{-x})}, \quad -\infty < x < \infty$$

であるロジスティック分布に従うとする．このとき，$X_{(i)}^r$ の積率について考える．

$F^{-1}(u) = \log[u/(1-u)]$ となることから，$X_{(i)}$ の積率母関数は

$$M_{(i)}(t) = \mathrm{E}[\exp(tX_{(i)})]$$
$$= \frac{n!}{(i-1)!(n-1)!} \int_0^1 \left(\frac{u}{1-u}\right)^t u^{i-1}(1-u)^{n-i} du$$
$$= \frac{n!}{(i-1)!(n-1)!} B(i+t, n+1-i-t)$$
$$= \frac{\Gamma(i+t)\Gamma(n+1-i-t)}{\Gamma(i)\Gamma(n+1-i)}$$

となる.ただし,$\Gamma(\cdot)$ は完全ガンマ関数である.

したがって,キュムラント母関数は

$$K_{(i)}(t) = \log M_{(i)}(t)$$
$$= \log \Gamma(i+t) + \log \Gamma(n+1-i-t) - \log \Gamma(i) - \log \Gamma(n+1-i)$$

となる.よって,$X_{(i)}$ の r 次キュムラントは

$$\kappa_{(i)}^r = \left.\frac{d^r}{dt^r} K_{(i)}(t)\right|_{t=0}$$
$$= \left.\frac{d^r}{dt^r} \log \Gamma(i+t)\right|_{t=0} + \left.\frac{d^r}{dt^r} \log \Gamma(n+1-i-t)\right|_{t=0}$$
$$= \Psi^{r-1}(i) + (-1)^r \Psi^{r-1}(n+1-i)$$

によって与えられる.ここで,$\Psi^{r-1}(\cdot)$ はポリガンマ関数を表す.

特に,平均と分散は

$$\mathrm{E}(X_{(i)}) = \Psi^0(i) - \Psi^0(n+1-i),$$
$$\mathrm{V}(X_{(i)}) = \Psi^1(i) + \Psi^1(n+1-i)$$

によって与えられる.ただし,$\Psi^0(\cdot), \Psi^1(\cdot)$ はそれぞれディガンマ関数,トリガンマ関数を表す.

ロジスティック分布から得られる順序統計量 $X_{(i)}$ の期待値は表 1.2 のようになる.

表 1.2 ロジスティック分布から得られる順序統計量の期待値

n	i	$\mathrm{E}(X_{(i)})$	n	i	$\mathrm{E}(X_{(i)})$
1	1	0.00000	10	6	0.20000
2	2	1.00000		7	0.61667
3	2	0.00000		8	1.09286
	3	1.50000		9	1.71786
4	3	0.50000		10	2.82897
	4	1.83333	11	6	0.00000
5	3	0.00000		7	0.36667
	4	0.83333		8	0.75952
	5	2.08333		9	1.21786
6	4	0.33333		10	1.82897
	5	1.08333		11	2.92897
	6	2.28333	12	7	0.16667
7	4	0.00000		8	0.50952
	5	0.58333		9	0.88452
	6	1.28333		10	1.32897
	7	2.45000		11	1.92897
8	5	0.25000		12	3.01988
	6	0.78333	13	7	0.00000
	7	1.45000		8	0.30952
	8	2.59286		9	0.63452
9	5	0.00000		10	0.99564
	6	0.45000		11	1.42897
	7	0.95000		12	2.01988
	8	1.59286		13	3.10321
	9	2.71786			

※中央値未満の i に対する値は $\mathrm{E}(X_{(i)}) = -\mathrm{E}(X_{(n-i+1)})$ という性質を用いることで得られる.

1.3 順序統計量の同時分布

最後に，数値のみの記載であるが，標準正規分布から得られる順序統計量 $X_{(i)}$ の期待値は表 1.3 のようになる．

表 1.3 標準正規分布から得られる順序統計量の期待値

n	i	$\mathrm{E}(X_{(i)})$	n	i	$\mathrm{E}(X_{(i)})$
1	1	0.00000	10	6	0.12267
2	2	0.56419		7	0.37577
3	2	0.00000		8	0.65606
	3	0.84628		9	1.00136
4	3	0.29701		10	1.53875
	4	1.02938	11	6	0.00000
5	3	0.00000		7	0.22489
	4	0.49502		8	0.46198
	5	1.16296		9	0.72884
6	4	0.20155		10	1.06192
	5	0.64176		11	1.58644
	6	1.26721	12	7	0.10259
7	4	0.00000		8	0.31225
	5	0.35271		9	0.53684
	6	0.75737		10	0.79284
	7	1.35218		11	1.11573
8	5	0.15251		12	1.62923
	6	0.47282	13	7	0.00000
	7	0.85223		8	0.19052
	8	1.42360		9	0.38833
9	5	0.00000		10	0.60285
	6	0.27453		11	0.84984
	7	0.57197		12	1.16408
	8	0.93230		13	1.66799
	9	1.48501			

※中央値未満の i に対する値は，$\mathrm{E}(X_{(i)}) = -\mathrm{E}(X_{(n-i+1)})$ という性質を用いることで得られる．

1.3　順序統計量の同時分布

本節では，2 つの順序統計量 $X_{(i)}$ および $X_{(j)}$ について考える．ただし，$1 \leq i < j \leq n$ を仮定する．このとき，

$$x_i < X_{(i)} \leq x_i + \delta x_i \quad \text{および} \quad x_j < X_{(j)} \leq x_j + \delta x_j$$

が同時に起こる確率, すなわち

$i-1$		1		$j-i-1$		1		$n-j$
$-\infty$	x_i		$x_i+\delta x_i$		x_j		$x_j+\delta x_j$	∞

が起こる確率は

$$\Pr(x_i < X_{(i)} \leq x_i + \delta x_i, x_j < X_{(j)} \leq x_j + \delta x_j)$$
$$= \frac{n!}{(i-1)!1!(j-i-1)!1!(n-j)!} F(x_i)^{i-1} [F(x_j) - F(x_i + \delta x_i)]^{j-i-1}$$
$$\times [1 - F(x_j + \delta x_j)]^{n-j} [F(x_i + \delta x_i) - F(x_i)][F(x_j + \delta x_j) - F(x_j)]$$
$$+ O(\delta x_i^2 \delta x_j) + O(\delta x_i \delta x_j^2) \tag{1.8}$$

である.

したがって, (1.8) 式より $X_{(i)}$ と $X_{(j)}$ の同時確率密度関数は

$$f_{(i),(j)}(x_i, x_j)$$
$$= \lim_{\delta x_i \to 0, \delta x_j \to 0} \frac{\Pr(x_i < X_{(i)} \leq x_i + \delta x_i, x_j < X_{(j)} \leq x_j + \delta x_j)}{\delta x_i \delta x_j}$$
$$= C_{i,j} F(x_i)^{i-1} [F(x_j) - F(x_i)]^{j-i-1} [1 - F(x_j)]^{n-j} f(x_i) f(x_j) \tag{1.9}$$

となる. ただし, $-\infty < x_i < x_j < \infty$ であり,

$$C_{i,j} = \frac{n!}{(i-1)!(j-i-1)!(n-j)!}$$

とする.

例題 $i=1$ および $j=n$ の場合の同時確率密度関数について考える. (1.9) 式より

$$f_{(1),(n)}(x_1, x_n) = n(n-1)[F(x_n) - F(x_1)]^{n-2} f(x_1) f(x_n) \tag{1.10}$$

を得る. ただし, $-\infty < x_1 < x_n < \infty$ である.

例題 $j=i+1$ の場合の同時確率密度関数について考える. (1.9) 式より
$$f_{(i),(i+1)}(x_i, x_{i+1}) = C_{i,i+1} F(x_i)^{i-1}[1-F(x_{i+1})]^{n-i-1} f(x_i)f(x_{i+1})$$
を得る. ただし, $-\infty < x_i < x_{i+1} < \infty$ かつ
$$C_{i,i+1} = \frac{n!}{(i-1)!(n-i-1)!}$$
である.

ここまでは同時確率密度関数について考えてきたが, ここからは $X_{(i)}$ と $X_{(j)}$ の同時分布について考えてみる.

任意の $x_i < x_j$ に対して, 同時分布は
$$F_{(i),(j)}(x_i, x_j) = \Pr(X_{(i)} \leq x_i, X_{(j)} \leq x_j) \qquad (1.11)$$
$$= \sum_{s=j}^{n} \sum_{t=i}^{s} \frac{n!}{t!(s-t)!(n-s)!} F(x_i)^t [F(x_j) - F(x_i)]^{s-t} [1-F(x_j)]^{n-s}$$
によって与えられる.

ここで, $0 < p < q < 1$ という条件の下で,
$$\sum_{s=j}^{n} \sum_{t=i}^{s} \frac{n!}{t!(s-t)!(n-s)!} p^t (q-p)^{s-t} (1-q)^{n-s}$$
$$= \int_0^p \int_{y_1}^q C_{i,j} y_1^{i-1} (y_2-y_1)^{j-i-1} (1-y_2)^{n-j} dy_2 dy_1$$
となることを用いると, (1.11) 式は
$$F_{(i),(j)}(x_i, x_j) = \int_0^{F(x_i)} \int_{y_1}^{F(x_j)} C_{i,j} y_1^{i-1} (y_2-y_1)^{j-i-1} (1-y_2)^{n-j} dy_2 dy_1 \qquad (1.12)$$
となる. ただし, $-\infty < x_i < x_j < \infty$ である.

例題 確率変数 X の確率密度関数 $f(x)$ および分布関数 $F(x)$ が
$$f(x) = \begin{cases} 1 & (0 < x < 1) \\ 0 & (その他) \end{cases}, \quad F(x) = \begin{cases} x & (0 < x < 1) \\ 0 & (その他) \end{cases}$$
である一様分布に従うとする. このとき, $X_{(i)}$ と $X_{(j)}$ の同時分布について考

える.

(1.11) 式および (1.12) 式より, 同時分布は

$$F_{(i),(j)}(x_i, x_j) = \sum_{s=j}^{n} \sum_{t=i}^{s} \frac{n!}{t!(s-t)!(n-s)!} x_i^t [x_j - x_i]^{s-t} [1-x_j]^{n-s}$$
$$= \int_0^{x_i} \int_{y_1}^{x_j} C_{i,j} y_1^{i-1} (y_2 - y_1)^{j-i-1} (1-y_2)^{n-j} dy_2 dy_1$$

によって与えられる.

また, (1.9) 式で与えられた同時確率密度関数を用いることで, i 番目と j 番目の順序統計量 $X_{(i)}, X_{(j)}$ の同時積率は

$$E(X_{(i)}X_{(j)}) = \int_{-\infty}^{\infty} \int_{-\infty}^{x_j} C_{i,j} x_i x_j F(x_i)^{i-1} [F(x_j) - F(x_i)]^{j-i-1}$$
$$\times [1 - F(x_j)]^{n-j} f(x_i) f(x_j) dx_i dx_j$$

によって与えられる.

例題 確率変数 X の確率密度関数 $f(x)$ および分布関数 $F(x)$ が

$$f(x) = \begin{cases} 1 & (0 < x < 1) \\ 0 & (その他) \end{cases}, \quad F(x) = \begin{cases} x & (0 < x < 1) \\ 0 & (その他) \end{cases}$$

である一様分布に従うとする. このとき, $X_{(i)}$ と $X_{(j)}$ の同時積率について考える.

(1.9) 式より, $X_{(i)}, X_{(j)}$ $(0 \leq i < j \leq n)$ の同時確率密度関数は

$$f_{(i),(j)}(x_i, x_j) = C_{i,j} x_i^{i-1} (x_j - x_i)^{j-i-1} (1-x_j)^{n-j}$$

となる. ただし, $0 \leq x_i < x_j \leq 1$ である.

したがって, 同時積率は

$$E(X_{(i)}^u X_{(j)}^v) = \int_0^1 \int_0^{x_j} x_i^u x_j^v f_{(i),(j)}(x_i, x_j) dx_i dx_j$$
$$= C_{i,j} B(i+u, j-i) B(j+u+v, n-j+1)$$
$$= \frac{n!}{(n+u+v)!} \frac{(i+u-1)!}{(i-1)!} \frac{(j+u+v-1)!}{(j+u-1)!}$$

によって与えられる.

特別な場合として, $u = v = 1$ のとき

$$\mathrm{E}(X_{(i)}X_{(j)}) = \frac{i(j+1)}{(n+1)(n+2)} \quad (1 \leq i < j \leq n)$$

となることから, $X_{(i)}$ と $X_{(j)}$ の共分散は

$$\begin{aligned}
\mathrm{cov}(X_{(i)}, X_{(j)}) &= \mathrm{E}(X_{(i)}X_{(j)}) - \mathrm{E}(X_{(i)})\mathrm{E}(X_{(j)}) \\
&= \frac{i(j+1)}{(n+1)(n+2)} - \frac{ij}{(n+1)^2} \\
&= \frac{i(n-j+1)}{(n+1)^2(n+2)}
\end{aligned}$$

となる.

また, 独立同一分布に従う確率標本に対応する順序統計量の同時密度関数は

$$f_{X_{(1)},\ldots,X_{(n)}}(x_1,\ldots,x_n) = n! \prod_{i=1}^n f(x_i), \quad -\infty < x_1 < \cdots < x_n < \infty$$

によって与えられる. 分布関数には非負, および $F(-\infty) = 0$ かつ $F(\infty) = 1$ である右連続性だけが仮定される. このとき, 分布関数の逆関数は

$$F^{-1}(y) = \sup\{x | F(x) \leq y\}$$

で定義される. もし, U が $(0,1)$ 区間の一様分布に従う確率変数ならば, $F^{-1}(U)$ は分布関数 F となる. したがって, $U_1, \ldots, U_n$ を区間 $(0,1)$ の一様分布に従う独立・同一な確率変数, $X_1, \ldots, X_n$ を分布関数 F を持つ独立かつ同一な確率変数とするならば,

$$(X_{(1)}, \ldots, X_{(n)}) \stackrel{d}{=} (F^{-1}(U_{(1)}), \ldots, F^{-1}(U_{(n)})) \tag{1.13}$$

となる. ただし, $\stackrel{d}{=}$ は分布が等しいことを表す. 絶対連続な場合, (1.13) 式は一様分布の順序統計量の同時分布として

$$f_{U_{(1)},\ldots,U_{(n)}}(u_1,\ldots,u_n) = n!, \quad 0 < u_1 < \cdots < u_n < 1$$

と表すことができる. 連続ではあるが, 絶対連続ではない場合, (1.13) 式は

$$\mathrm{E}(X_{(i)}) = \int_0^1 F^{-1}(u) f_{U_{(i)}}(u) du$$

のように期待値や順序統計量の分布の特徴を求めるために用いられる.

1.4 中央値と幅の分布

本節では，順序統計量の中央値や幅の分布について考える．確率標本 $X = (X_1, X_2, \ldots, X_n)$ の中央値は n が奇数のときは $x_{((n+1)/2)}$，偶数のときは $\{x_{(n/2)} + x_{(n/2+1)}\}/2$ で与えられることは前述した．したがって，(1.2) 式より中央値の確率密度関数は，

$$f_M(x) = \begin{cases} \dfrac{n!}{\{(\frac{n}{2}-1)!\}^2}\{F(x_1)[1-F(x_2)]\}^{\frac{n}{2}-1}f(x_1)f(x_2) \\ \qquad (n \text{ が偶数のとき}, \ -\infty < x_1 < x_2 < \infty) \\ \dfrac{n!}{\{(\frac{n-1}{2})!\}^2}\{F(x)[1-F(x)]\}^{\frac{n-1}{2}}f(x) \\ \qquad (n \text{ が奇数のとき}, \ -\infty < x < \infty) \end{cases} \quad (1.14)$$

によって与えられる．

例題 確率変数 X の確率密度関数 $f(x)$ および分布関数 $F(x)$ が

$$f(x) = \begin{cases} 1 & (0 < x < 1) \\ 0 & (その他) \end{cases}, \quad F(x) = \begin{cases} x & (0 < x < 1) \\ 0 & (その他) \end{cases}$$

である一様分布に従うとする．

(1.14) 式より，n が偶数の場合の中央値の確率密度関数は

$$f_M(x) = \frac{n!}{\{(\frac{n}{2}-1)!\}^2}\{x_1[1-x_2]\}^{\frac{n}{2}-1} \quad (0 \le x_1 < x_2 \le 1),$$

n が奇数の場合の中央値の確率密度関数は

$$f_M(x) = \frac{n!}{\{(\frac{n-1}{2})!\}^2} x^{\frac{n-1}{2}}(1-x)^{\frac{n-1}{2}} \quad (0 \le x \le 1)$$

となる．

例題 確率変数 X の確率密度関数 $f(x)$ および分布関数 $F(x)$ が

$$f(x) = \begin{cases} 1 & (0 < x < 1) \\ 0 & (その他) \end{cases}, \quad F(x) = \begin{cases} x & (0 < x < 1) \\ 0 & (その他) \end{cases}$$

である一様分布に従うとし，n が奇数とする．

このとき，確率標本の中央値 X_M の r 次積率は

$$\mathrm{E}[X_\mathrm{M}^r] = \int_0^1 x^r f_\mathrm{M}(x) dx$$
$$= \frac{n!}{(n+r)!} \left(\frac{n-1}{2}+r\right)! \Big/ \left(\frac{n-1}{2}\right)!$$

で与えられる．特に，平均と分散は

$$\mathrm{E}(X_\mathrm{M}) = \frac{1}{2}, \quad \mathrm{V}(X_\mathrm{M}) = \frac{1}{4(n+2)}$$

となる．

次に $W = X_{(n)} - X_{(1)}$ のような幅 (range) の分布について考える．$-\infty < x_1 < \infty, 0 < w < \infty$ の条件の下で，(1.10) 式より W の同時確率密度関数は

$$f_W(w) = n(n-1)[F(x_1+w) - F(x_1)]^{n-2} f(x_1) f(x_1+w) \quad (1.15)$$

によって与えられる．$0 < w < \infty$ の下で，(1.15) 式を x_1 で積分することにより W の確率密度関数は

$$f_W(w) = n(n-1) \int_{-\infty}^{\infty} [F(x_1+w) - F(x_1)]^{n-2} f(x_1) f(x_1+w) dx_1 \quad (1.16)$$

となる．さらに，(1.16) 式を積分することで

$$F_W(w) = \Pr(W \leq r_0)$$
$$= n \int_{-\infty}^{\infty} [F(x_1+w) - F(x_1)]^{n-1} f(x_1) dx_1$$

を得る．

例題 確率変数 X の確率密度関数 $f(x)$ および分布関数 $F(x)$ が

$$f(x) = \begin{cases} 1 & (0 < x < 1) \\ 0 & (\text{その他}) \end{cases}, \quad F(x) = \begin{cases} x & (0 < x < 1) \\ 0 & (\text{その他}) \end{cases}$$

である一様分布に従うとする．

$x_1 + w > 1$ のとき

$$f(x_1 + w) \equiv 0$$

となることから，(1.16) 式より

$$f_W(w) = n(n-1)\int_0^{1-w} w^{n-2}dx_1$$
$$= n(n-1)w^{n-2}(1-w) \quad (0<w<1) \tag{1.17}$$

を得る．

また，(1.17) 式より

$$F_W(w) = \int_0^w n(n-1)w^{n-2}(1-w)dw$$
$$= nw^{n-1} - (n-1)w^n \quad (0<w<1)$$

を得る．

さらに，$W_{(ij)} = X_{(j)} - X_{(i)}$ の分布について考えてみる．
(1.10) 式より，$X_{(i)}$ と $W_{(ij)}$ の同時確率密度関数は

$$f_{X_{(i)},W_{(ij)}}(x_i,w) = C_{i,j}F(x_i)^{i-1}[F(x_i+w)-F(x_i)]^{j-i-1}$$
$$\times [1-F(x_i+w)]^{n-j}f(x_i)f(x_i+w) \tag{1.18}$$

となる．したがって，(1.18) 式を x_i で積分することで

$$f_{W_{(ij)}}(w) = C_{i,j}\int_{-\infty}^{\infty} F(x_i)^{i-1}[F(x_i+w)-F(x_i)]^{j-i-1}$$
$$\times [1-F(x_i+w)]^{n-j}f(x_i)f(x_i+w)dx_i \tag{1.19}$$

を得る．

例題 確率変数 X の確率密度関数 $f(x)$ および分布関数 $F(x)$ が

$$f(x) = \begin{cases} 1 & (0<x<1) \\ 0 & (その他) \end{cases}, \quad F(x) = \begin{cases} x & (0<x<1) \\ 0 & (その他) \end{cases}$$

である一様分布に従うとする．このとき，$X_{(i)}$ と $W_{(ij)}$ の同時確率密度関数は，(1.19) 式より

$$f_{W_{(ij)}}(w) = C_{i,j}\int_0^{1-w} x_i^{i-1}(1-x_i-w)^{n-j}dx_i$$
$$= C_{i,j}w^{j-i-1}(1-w)^{n-j+i}$$

となる．

1.5 順序統計量の積率への近似

$X_{(i)}$ の積率を計算するために, 数値積分が必要となる場合が多くある. すなわち, 実際の分析に用いるためには $X_{(i)}$ の積率への近似が必要となる. まず, $U_{(i)}$ を区間 $(0, 1)$ の一様分布からの i 番目の順序統計量とすると,

$$X_{(i)} = F^{-1}(U_{(i)})$$

と表すことができる.

ここで, 順序統計量の積率の近似を導出するために, 一般の確率変数について考える. Y を確率変数とし, その連続関数を $h(Y)$ とする. μ の周りで $h(Y)$ をテーラー展開すると,

$$h(Y) = h(\mu) + (Y - \mu)\frac{dh(Y)}{dY}\bigg|_{Y=\mu} + \frac{(Y - \mu)^2}{2}\frac{d^2h(Y)}{dY^2}\bigg|_{Y=\mu}$$
$$+ \sum_{j=3}^{\infty} \frac{(Y - \mu)^j}{j!}\frac{d^jh(Y)}{dY^j}\bigg|_{Y=\mu} \qquad (1.20)$$

となる.

ここで $Y = U_{(i)}, h = F^{-1}$ とすると, (1.7) 式より

$$\mu = \mathrm{E}(U_{(i)}) = \frac{i}{n+1}, \quad \sigma^2 = \mathrm{V}(U_{(i)}) = \frac{i(n-i+1)}{(n+1)^2(n+2)}$$

を得る. したがって, (1.20) 式より

$$\begin{aligned}
\mathrm{E}[h(Y)] &= \mathrm{E}(X_{(i)}) \\
&= h(\mu) + \mathrm{E}(Y - \mu)\frac{dh(Y)}{dY}\bigg|_{Y=\mu} + \frac{\mathrm{E}[(Y - \mu)^2]}{2}\frac{d^2h(Y)}{dY^2}\bigg|_{Y=\mu} \\
&\quad + \sum_{j=3}^{\infty} \frac{\mathrm{E}[(Y - \mu)^j]}{j!}\frac{d^jh(Y)}{dY^j}\bigg|_{Y=\mu} \\
&= h(\mu) + \frac{\sigma^2}{2}\frac{d^2h(Y)}{dY^2}\bigg|_{Y=\mu} + \sum_{j=3}^{\infty} \frac{\mathrm{E}[(Y - \mu)^j]}{j!}\frac{d^jh(Y)}{dY^j}\bigg|_{Y=\mu} \\
&\approx F^{-1}\left(\frac{i}{n+1}\right) \qquad (1.21)
\end{aligned}$$

が導かれる.

さらに, (1.20) 式と (1.21) 式より

$$
\begin{aligned}
h(Y) - \mathrm{E}[h(Y)] &= X_{(i)} - \mathrm{E}(X_{(i)}) \\
&= (Y-\mu)\frac{dh(Y)}{dY}\bigg|_{Y=\mu} + \frac{1}{2}[(Y-\mu)^2 - \sigma^2]\frac{d^2h(Y)}{dY^2}\bigg|_{Y=\mu} \\
&\quad + \sum_{j=3}^{\infty} \frac{\{(Y-\mu)^j - \mathrm{E}[(Y-\mu)^j]\}}{j!} \frac{d^jh(Y)}{dY^j}\bigg|_{Y=\mu} \\
&\approx (Y-\mu)\frac{dh(Y)}{dY}\bigg|_{Y=\mu} \quad (1.22)
\end{aligned}
$$

が与えられる. したがって, (1.22) 式より

$$
\begin{aligned}
\mathrm{V}(X_{(i)}) &= \mathrm{E}[\{X_{(i)} - \mathrm{E}(X_{(i)})\}^2] \\
&= \mathrm{E}[\{h(Y) - \mathrm{E}[h(Y)]\}^2] \\
&\approx \sigma^2 \left(\frac{dh(Y)}{dY}\bigg|_{Y=\mu}\right)^2 \\
&= \frac{i(n-i+1)}{(n+1)^2(n+2)}\left\{f\left[F^{-1}\left(\frac{i}{n+1}\right)\right]\right\}^{-2}
\end{aligned}
$$

を得る.

また, 順序統計量の詳細な理論や文献に興味がある読者は David and Nagaraja (2003) を参照していただきたい.

Chapter 2

適合度検定

統計分析でよく起こる問題の1つに,観測された標本の度数と理論度数の適合性を検定する問題がある. つまり,ある関数 $F(x)$ が,ある母集団の分布関数であるという仮説を考える. 標本の分布関数は,母集団の分布関数の近似である. したがって,標本分布関数と母集団分布関数の適合の度合い (良さ) は標本の大きさに依存する.

本章で述べる検定は,実際に観測された標本が,ある確率分布に従っているか検証する検定について述べる. この検定統計量は大きく2つに分類することができる. 1つ目は,観測数を帰無仮説の下での理論度数と比べる方法で,Pearson (1900) によって提案された χ^2 検定である. 2つ目は,経験分布関数と想定する母集団分布関数との隔たりの測度を導入して検定する方法である.

2.1 ピアソンの χ^2 検定

$X = (X_1, X_2, \ldots, X_n)$ を未知な分布関数 $F(x)$ に従う大きさ n の確率標本とする. また,標本が従うと想定される特定の分布関数を $F_0(x)$ とする. ここでは, $F(x)$ に連続性を仮定する必要はない.

母集団分布が互いに排反な k 個のカテゴリー (区間) $C_1, C_2, \ldots, C_k$ に分割されるとし,標本は C_i のいずれかに属するものとする. また, i 番目のカテゴリー C_i に属する観測度数と期待度数をそれぞれ N_i, np_i $(i = 1, \ldots, k)$ とする. ただし, $n = N_1 + N_2 + \cdots + N_k$, $p_1 + p_2 + \cdots + p_k = 1$ である. つまり,以下の表のように表すことができる.

カテゴリー	C_1	C_2	C_3	$\cdots$	C_k	計
観測度数	N_1	N_2	N_3	$\cdots$	N_k	n
期待度数	np_1	np_2	np_3	$\cdots$	np_k	n

このとき，検定したい帰無仮説および両側対立仮説を

$$H_0 : F(x) = F_0(x),$$
$$H_1 : F(x) \neq F_0(x)$$

とする．言い換えると，観測値の分布が帰無仮説 H_0 から得られる期待度数と合致しているか検定することである．

この観測度数と期待度数の適合度を測る検定統計量として

$$\chi^2 = \sum_{i=1}^{k} \frac{(N_i - np_i)^2}{np_i} \quad (2.1)$$

が Pearson (1900) によって提案されており，ピアソンの χ^2 検定 (Pearson's χ^2 test)，もしくは適合度検定 (goodness-of-fit test) と呼ばれている．ただし，$np_i \geq 5$ である必要がある．もし，あるカテゴリー (区間) に対してこの条件が満たされていなければ，より広いカテゴリー (区間) を再構成する必要がある．最も簡単な再構成の方法は，条件を満たさないカテゴリー (区間) とその隣接するカテゴリー (区間) を1つに統合する方法である．また，$k \geq 3$ かつ $s = \#(np_i < 5)$ のとき，Yarnold (1970) は最小期待度数は $5s/k$ とすることを提案している．ただし，記号 $\#$ は $np_i < 5$ となる個数を表す．

検定を行う際，検定統計量の分布が必要となるが，$\min(N_i)$ が大きいとき，ピアソンの χ^2 検定の極限分布は自由度 $k-r-1$ の χ^2 分布となる．ここで，r は理論度数を求めるために観測値から推定した未知母数の数を表す．

例題 適合度検定の利用法を理解するために典型的な問題を考える．サイコロ 1 個を 300 回投げ，各目の出た回数を記録したのが以下の表で与えられるとする．

サイコロの目の数	1	2	3	4	5	6	計
観測度数	55	60	47	51	43	44	300
理論度数	50	50	50	50	50	50	300

ここでは多項分布に関する仮説を考えるので，

$$H_0 : p_1 = p_2 = p_3 = p_4 = p_5 = p_6 = \frac{1}{6}$$

を検定する．

したがって, (2.1) 式より

$$\chi^2 = \frac{(55-50)^2}{50} + \frac{(60-50)^2}{50} + \frac{(47-50)^2}{50} + \frac{(51-50)^2}{50}$$
$$+ \frac{(43-50)^2}{50} + \frac{(44-50)^2}{50}$$
$$= \frac{22}{5}$$

となる. ここでは未知母数の数 $r=0$ なので, 自由度 5 の χ^2 分布の棄却点は付録の表 A.16 より 11.070 である. よって帰無仮説を棄却することはできない.

2.2　経験分布関数

本節では, 経験分布関数の基本的な概念について述べる. まず, $X = (X_1, X_2, \ldots, X_n)$ を連続な独立同一分布 $F(x)$ に従う確率標本とし, $X_{(1)}, X_{(2)}, \ldots, X_{(n)}$ を確率標本の順序統計量とする.

このとき, **経験分布関数** (empirical distribution function) $F_n(x)$ を

$$F_n(x) = \frac{x \text{ 以下となる } X_i \text{ の個数}}{n}$$
$$= \begin{cases} 0 & (x < X_{(1)}) \\ \dfrac{i}{n} & (X_{(i)} \leq x < X_{(i+1)}, \quad i=1,2,\ldots,n-1) \\ 1 & (x \geq X_{(n)}) \end{cases}$$
$$= \sum_{i=1}^{n} \frac{I(x - X_i)}{n}$$

で定義する. ただし,

$$I(y) = \begin{cases} 1 & (y \geq 0) \\ 0 & (y < 0) \end{cases}$$

である. したがって, 経験分布関数 $F_n(x)$ は図 2.1 のような階段関数となる.

固定した x に対して, $nF_n(x)$ はパラメータ n と $F(x)$ の 2 項分布に従うことが分かる. また,

$$\Pr\{I(x - X_i) = 1\} = \Pr(X_i \leq x) = F(x)$$

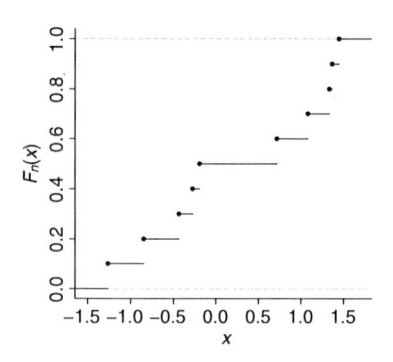

図 2.1 経験分布関数

より，以下の性質が成り立つ．

1) $\displaystyle\lim_{n\to\infty} \Pr\left(\frac{\sqrt{n}[F_n(x) - F(x)]}{\sqrt{F(x)[1-F(x)]}} \leq t\right) = \Phi(t)$.

2) $\displaystyle\Pr\left(F_n(x) = \frac{i}{n}\right) = \binom{n}{i} F(x)^i [1-F(x)]^{n-i}$.

3) $\mathrm{E}[F_n(x)] = F(x)$.

4) $\mathrm{V}[F_n(x)] = \dfrac{1}{n} F(x)[1-F(x)]$.

詳細な証明は Gibbons and Chakraborti (2011) を参照されたい．

性質3) を用いると，経験分布関数 $F_n(x)$ は分布関数 $F(x)$ の不偏推定量となる．また，性質4) に着目すると，$n\to\infty$ の場合，$\mathrm{V}[F_n(x)] \to 0$ となることから，チェビシェフの不等式より経験分布関数 $F_n(x)$ は分布関数 $F(x)$ の一致推定量となる．つまり，

$$\lim_{n\to\infty} \Pr(|F(x) - F_n(x)| < \epsilon) = 1$$

となる．この収束が一様であることを示したものが以下で紹介するグリヴェンコ–カンテリ (Glivenko–Cantelli) の定理である．

定理 2.1 (グリヴェンコ–カンテリの定理) $F_n(x)$ は一様に $F(x)$ へ確率1収束する．すなわち

$$\Pr\left(\lim_{n\to\infty} \sup_{-\infty < x < \infty} |F(x) - F_n(x)| = 0\right) = 1.$$

2.3 コルモゴロフ-スミルノフ検定

本節では，与えられたデータが想定したある確率分布に従っているか検定するための検定統計量について述べる．検定統計量の考え方として，データに基づいて経験分布関数を求め，推測した分布関数との違いを導出するものである．

$X = (X_1, X_2, \ldots, X_n)$ を未知な分布関数 $F(x)$ に従う，大きさ n の確率標本とする．ただし，分布関数には連続性が仮定されているとする．また，標本が従うと想定される特定の分布関数を $F_0(x)$ とする．このとき，検定したい帰無仮説および両側対立仮説を

$$H_0 : F(x) = F_0(x),$$
$$H_1 : F(x) \neq F_0(x)$$

とする．

順序統計量において $X_{(0)} = -\infty$, $X_{(n+1)} = \infty$ と定義するとき，前節より経験分布関数は

$$F_n(x) = \begin{cases} 0 & (x < X_{(1)}) \\ \dfrac{i}{n} & (X_{(i)} \leq x < X_{(i+1)}, \quad i = 1, \ldots, n-1) \\ 1 & (x \geq X_{(n)}) \end{cases}$$

と表せる．また，定理 2.1 より，n が大きくなるにつれて経験分布関数 $F_n(x)$ は真の分布 $F_0(x)$ に近づくので，経験分布関数 $F_n(x)$ は真の分布 $F_0(x)$ の一致点推定量となる．この性質を用いることにより，Kolmogorov (1933) は

$$D_n = \sup_x |F_n(x) - F_0(x)|$$

を提案した．検定統計量 D_n はコルモゴロフ-スミルノフ検定 (Kolmogorov-Smirnov one-sample test) として広く知られている．コルモゴロフ-スミルノフ検定とは，仮定された分布関数 $F_0(x)$ と経験分布関数 $F_n(x)$ の差が規準となるばらつきの範囲を超えているか判定する検定統計量である．また，コルモゴロフ-スミルノフ検定は $F_0(x)$ に様々な分布を仮定することができるため，分布に依らない検定 (distribution-free test) とも呼ばれる．

検定を行う際，ある棄却確率に対して $D_n \geq d_n$ となるとき，コルモゴロフ–スミルノフ検定は帰無仮説を棄却することができる．$n = 100$ までの棄却点および棄却確率の表が Birnbaum (1952) によって与えられ，Miller (1956) によって表が拡張されている．

n が大きいとき，両側コルモゴロフ–スミルノフ検定の極限分布は，連続型分布関数 $F_0(X)$ に対して

$$\lim_{n \to \infty} \Pr(\sqrt{n} D_n \leq d_n) = 1 - 2 \sum_{j=1}^{\infty} (-1)^{j-1} \exp(-2j^2 d_n^2)$$

で与えられる (Kolmogorov, 1933 ; Smirnov, 1939 ; Feller, 1948). また，Smirnov (1948) によって極限分布の棄却点の表が与えられている．ここで，検定で多く用いられる棄却点の表を以下で与える．

d_n	1.22385	1.35810	1.48021	1.62763
$\Pr(D_n \leq d_n)$	0.9000	0.9500	0.9750	0.9900

また，上記以外の確率分布表については付録の表 A.17 を参照のこと．

上記の検定統計量 D_n は両側対立仮説に有効であるが，片側対立仮説

$$H_1^+ : F(x) > F_0(x)$$

に対しては

$$\begin{aligned}
D_n^+ &= \sup_x [F_n(x) - F_0(x)] \\
&= \max_{0 \leq i < n} \sup_{X_{(i)} \leq x < X_{(i+1)}} [F_n(x) - F_0(x)] \\
&= \max_{0 \leq i \leq n} \left[\frac{i}{n} - F_0(X_{(i)}) \right] \\
&= \max \left\{ \max_{1 \leq i \leq n} \left[\frac{i}{n} - F_0(X_{(i)}) \right], 0 \right\}
\end{aligned}$$

が提案されている．$F_0(x)$ に連続型分布関数が仮定されるならば，帰無仮説の下で

$$\Pr(D_n^+ \leq d_n) = 1 - d_n \sum_{j=0}^{[n(1-d_n)]} \binom{n}{j} \left(1 - d_n - \frac{j}{n}\right)^{n-j} \left(d_n + \frac{j}{n}\right)^{j-1}$$

となる．また，n が大きいとき，片側コルモゴロフ–スミルノフ検定 D_n^+ の極限

分布は，連続型分布関数 $F_0(X)$ に対して
$$\lim_{n\to\infty} \Pr(\sqrt{n}D_n^+ \leq d_n) = 1 - \exp(-2d_n^2)$$
で与えられる．

片側対立仮説
$$H_1^- : F(x) < F_0(x)$$
に対しては
$$\begin{aligned} D_n^- &= \sup_x[F_0(x) - F_n(x)] \\ &= \max_{0\leq i<n} \sup_{X_{(i)}\leq x<X_{(i+1)}} [F_0(x) - F_n(x)] \\ &= \max_{0\leq i\leq n} \left[F_0(X_{(i+1)}) - \frac{i}{n}\right] \\ &= \max_{1\leq i\leq n+1} \left[F_0(X_{(i)}) - \frac{i-1}{n}\right] \\ &= \max\left\{\max_{1\leq i\leq n}\left[F_0(X_{(i)}) - \frac{i-1}{n}\right], 0\right\} \end{aligned}$$

が提案されている．$F_0(x)$ に連続型分布関数が仮定されるならば，帰無仮説の下で
$$\Pr(D_n^- \leq d_n) = 1 - d_n \sum_{j=0}^{[n(1-d_n)]} \binom{n}{j}\left(1 - d_n - \frac{j}{n}\right)^{n-j}\left(d_n + \frac{j}{n}\right)^{j-1}$$

となる．また，n が大きいとき，片側コルモゴロフ-スミルノフ検定 D_n^- の極限分布は，連続型分布関数 $F_0(X)$ に対して
$$\lim_{n\to\infty} \Pr(\sqrt{n}D_n^- \leq d_n) = 1 - \exp(-2d_n^2)$$
で与えられる．ここで，検定で多く用いられる棄却点の表を以下で与える．

d_n	1.07298	1.22387	1.35810	1.51743
$\Pr(D_n^+(D_n^-) \leq d_n)$	0.9000	0.9500	0.9750	0.9900

また，上記以外の確率分布表については付録の表 A.18 を参照のこと．

連続分布関数 $F_0(x)$ に対して
$$D_n = \sup_x |F_n(x) - F_0(x)| = \max_x(D_n^+, D_n^-)$$

となるコルモゴロフ–スミルノフ検定の性質を用いると，

$$D_n = \sup_x |F_0(x) - F_n(x)|$$
$$= \max \left\{ \max_{0 \leq i \leq n} \left[\frac{i}{n} - F_0(X_{(i)}) \right], \max_{0 \leq i \leq n} \left[F_0(X_{(i)}) - \frac{i-1}{n} \right] \right\}$$

と表すことができる．

様々な分布を仮定できると述べたが，$F_0(x)$ が未知パラメータを含む正規分布か指数分布のとき，リリフォース検定 (Lillifors test) が有用である．詳細について興味がある読者は Gibbons and Chakraborti (2011) を参照していただきたい．

例題 以下のようなデータが与えられているとする．

4.52　0.46　9.25　2.22　0.94　0.34　2.49　5.44　12.68　1.89

このデータは，指数分布から得られたデータであると言えるだろうか？

$$H_0 : F_0(x) = 1 - \exp(-x/5), \quad x > 0$$
$$H_1 : F_0(x) \neq 1 - \exp(-x/5), \quad x > 0$$

に対して，コルモゴロフ–スミルノフ検定を用いて有意水準 5% の両側検定を行う．

表 **2.1**

i	$X_{(i)}$	i/n	$F_0(X_{(i)})$	$i/n - F_0(X_{(i)})$	$F_0(X_{(i)}) - i/n$
1	0.34	0.1	0.0657	0.0343	-0.0343
2	0.46	0.2	0.0879	0.1121	-0.1121
3	0.94	0.3	0.1714	0.1286	-0.1286
4	1.89	0.4	0.3148	0.0852	-0.0852
5	2.22	0.5	0.3585	0.1415	-0.1415
6	2.49	0.6	0.3923	0.2077	-0.2077
7	4.52	0.7	0.5951	0.1049	-0.1049
8	5.44	0.8	0.6631	0.1369	-0.1369
9	9.25	0.9	0.8428	0.0572	-0.0572
10	12.68	1.0	0.9208	0.0792	-0.0792

表 2.1 より，

$$D_n^+ = \max\left\{\max_{1\leq i\leq 10}\left[\frac{i}{10} - F_0(X_{(i)})\right], 0\right\} = 0.2077,$$
$$D_n^- = \max\left\{\max_{1\leq i\leq 10}\left[F_0(X_{(i)}) - \frac{i}{10} + \frac{1}{10}\right], 0\right\} = 0.0657,$$
$$D_n = \max(D_n^+, D_n^-) = 0.2077$$

を得る．よって，$\Pr(D_n \geq 0.2077) \approx 0.774$ より帰無仮説を棄却できない．

2.4　クラメール-フォン・ミーゼス型検定

　前節と同様に，本節で述べる検定統計量は，データに基づいて経験分布関数を求め，推測した分布関数との違いを導出するものである．確率標本が従うと想定される分布関数を $F_0(x)$ とする．検定したい帰無仮説および両側対立仮説を

$$H_0 : F(x) = F_0(x),$$
$$H_1 : F(x) \neq F_0(x)$$

とする．また，経験分布関数を $F_n(x)$ とするとき，経験分布関数と分布関数の2乗距離を用いた検定統計量を以下で定義する．

$$\omega^2 = \int_{-\infty}^{\infty} (F_n(x) - F_0(x))^2 \psi(F_0(x)) dF_0(x) \tag{2.2}$$

2.4.1　クラメール-フォン・ミーゼス検定

(2.2) 式で与えられる検定統計量 ω^2 の重み関数が $\psi(F_0(x)) = 1$ のとき，

$$\begin{aligned}
\text{CVM} &= \int_{-\infty}^{\infty} (F_n(x) - F_0(x))^2 dF_0(x) \\
&= \frac{1}{12n^2} + \frac{1}{n}\sum_{i=1}^{n}\left[F(X_{(i)}) - \frac{2i-1}{2n}\right]^2 \\
&= \frac{1}{12n^2} + \frac{1}{n}\sum_{i=1}^{n}\left[F(X_{(i)}) - \frac{i}{n} + \frac{1}{2n}\right]^2
\end{aligned}$$

が Cramér (1928) と von Mises (1931) によって提案されており，Smirnov (1936) や Darling (1957) によって様々な議論がなされている．この検定統計量 CVM はクラメール-フォン・ミーゼス検定 (Cramér-von Mises one-sample test) として知られている. また, n が大きいとき, 極限分布は

$$\lim_{n\to\infty} \Pr(\text{CVM} < z) = \frac{1}{\pi\sqrt{z}} \sum_{j=0}^{\infty} (-1)^j \binom{-\frac{1}{2}}{j} \sqrt{4j+1} \exp\left(-\frac{(4j+1)^2}{16z}\right) B_{\frac{1}{4}}\left(\frac{(4j+1)^2}{16z}\right)$$

となり, 以下の表を与える. ただし, $B_{\frac{1}{4}}(\cdot)$ はベッセル関数を表す.

z	0.34731	0.46136	0.58062	0.74346
$\Pr(\text{CVM} \le z)$	0.9000	0.9500	0.9750	0.9900

また, 上記以外の確率分布表については付録の表 A.19 を参照のこと.

例題 以下のようなデータが与えられている.

4.52 0.46 9.25 2.22 0.94 0.34 2.49 5.44 12.68 1.89

このデータは, 指数分布から得られたデータであると言えるだろうか?

$$H_0 : F_0(x) = 1 - \exp(-x/5), \quad x > 0$$
$$H_1 : F_0(x) \ne 1 - \exp(-x/5), \quad x > 0$$

について検定統計量 CVM を用いて, 有意水準 5% の両側検定を行う.

表 **2.2**

i	$X_{(i)}$	i/n	$F_0(X_{(i)})$	$F_0(X_{(i)}) - i/n + 1/(2n)$
1	0.34	0.1	0.0657	0.0843
2	0.46	0.2	0.0879	0.1621
3	0.94	0.3	0.1714	0.1786
4	1.89	0.4	0.3148	0.1352
5	2.22	0.5	0.3585	0.1915
6	2.49	0.6	0.3923	0.2577
7	4.52	0.7	0.5951	0.1549
8	5.44	0.8	0.6631	0.1869
9	9.25	0.9	0.8428	0.1072
10	12.68	1.0	0.9208	0.1292

表 2.2 より, 統計量は以下のようになる.

$$\text{CVM} = \frac{1}{1200} + \frac{1}{10} \sum_{i=1}^{10} \left[F\left(X_{(i)}\right) - \frac{i}{10} + \frac{1}{20} \right]^2 = 0.2738.$$

よって, $\Pr(\text{CVM} \geq 0.2738) \approx 0.1605$ より帰無仮説を棄却できない.

2.4.2　アンダーソン–ダーリング検定

(2.2) 式で与えられる検定統計量 ω^2 の重み関数が

$$\psi(F_0(x)) = \frac{1}{F_0(x)(1 - F_0(x))}$$

のとき, 検定統計量 ω^2 は

$$\begin{aligned}
\text{AD} &= \int_{-\infty}^{\infty} \frac{(F_n(x) - F_0(x))^2}{F_0(x)(1 - F_0(x))} dF_0(x) \\
&= -n - \frac{1}{n}\sum_{i=1}^{n}(2i-1)[\log F(X_{(i)}) + \log(1 - F(X_{(n-i+1)}))]
\end{aligned}$$

となる. この検定統計量は Anderson and Darling (1952) によって提案されており, アンダーソン–ダーリング検定 (Anderson–Darling one-sample test) として広く知られている. また, n が大きいとき,

$$\begin{aligned}
&\Pr(\text{AD} \leq z) \\
&= \sqrt{\frac{\pi}{2}}\frac{1}{z}\sum_{j=0}^{\infty} \frac{(-1)^j \Gamma\left(j + \frac{1}{2}\right)}{\Gamma\left(\frac{1}{2}\right) j!} \int_0^1 \frac{4j+1}{\sqrt{r^3(1-r)}} \exp\left(\frac{rz}{8} - \frac{\pi^2(4j+1)^2}{8rz}\right) dr
\end{aligned}$$

によって極限分布が与えられており,

$$\lim_{n \to \infty} \text{E}(\text{AD}) = \sum_{j=1}^{\infty} \frac{1}{j(j+1)} = 1,$$

$$\lim_{n \to \infty} \text{V}(\text{AD}) = \sum_{j=1}^{\infty} \frac{1}{j^2(j+1)^2} = \frac{2}{3}(\pi^2 - 9) \approx 0.57974$$

となることが Anderson and Darling (1954) によって示されている. ただし, $\Gamma(\cdot)$ はガンマ関数を表す. ここで, 検定でよく用いられる有意水準に対する極限分布の棄却点を挙げる.

z	1.93296	2.49237	3.07748	3.87812
$\Pr(\text{AD} \leq z)$	0.9000	0.9500	0.9750	0.9900

また, 上記以外の確率分布表については付録の表 A.20 を参照のこと.

例題 以下のようなデータが与えられているとする.

  4.52 0.46 9.25 2.22 0.94 0.34 2.49 5.44 12.68 1.89

このデータは, 指数分布から得られたデータであると言えるだろうか?

$$H_0 : F_0(x) = 1 - \exp(-x/5), \quad x > 0$$
$$H_1 : F_0(x) \neq 1 - \exp(-x/5), \quad x > 0$$

に対して, 検定統計量 AD を用いて有意水準 5% の両側検定を行うため, 以下の表を用いる.

i	$X_{(i)}$	$F_0(X_{(i)})$	$\log F_0(X_{(i)})$	$\log(1 - F_0(X_{(n-i+1)}))$
1	0.34	0.0657	-2.7227	-2.5358
2	0.46	0.0879	-2.4316	-1.8502
3	0.94	0.1714	-1.7638	-1.0880
4	1.89	0.3148	-1.1558	-0.9041
5	2.22	0.3585	-1.0258	-0.4981
6	2.49	0.3923	-0.9357	-0.4439
7	4.52	0.5951	-0.5190	-0.3780
8	5.44	0.6631	-0.4108	-0.1880
9	9.25	0.8428	-0.1710	-0.0920
10	12.68	0.9208	-0.0825	-0.0680

したがって,

$$\mathrm{AD} = -10 + 10.3649 = 0.3649$$

を得る.

よって, $\Pr(\mathrm{AD} \geq 0.3649) \approx 0.883$ より帰無仮説を棄却できない.

2.5　ワトソン検定

データに基づいて経験分布関数を求め, 推測した分布関数との違いを導出する検定統計量は, 前節までに述べた検定統計量以外にも多く提案されている. 詳しくは取り扱わないが, コルモゴロフ-スミルノフ型検定として, Kuiper (1960) や Watson (1976), Darling (1983a,b) によって検定統計量が提案され

2.5 ワトソン検定

ている.また,経験分布関数に基づくその他の検定統計量が Khmaladze (1982) や Aki (1986) らによって提案されている.詳細な理論や文献に興味がある読者は Nikitin (1995) を参照していただきたい.

本節では,円周分布に対する検定統計量について述べる.様々な分野において円周分布は用いられるが,円周分布に対しては前節までの検定統計量はあまり有効ではない.そこで,Watson (1961) は円周上のデータに対して

$$\begin{aligned}
\mathrm{WG} &= n\int_{-\infty}^{\infty}\left\{F_n(x)-F_0(x)-\int_{-\infty}^{\infty}[F_n(y)-F_0(y)]dF_0(y)\right\}^2 dF_0(x) \\
&= \frac{1}{12n}+\sum_{i=1}^{n}\left(F_0(X_{(i)})-\frac{2i-1}{2n}-\bar{F}+\frac{1}{2}\right)^2 \\
&= \sum_{i=1}^{n}F_0(X_{(i)})^2-2\sum_{i=1}^{n}\frac{2i-1}{2n}F_0(X_{(i)})+\frac{n}{3}+n\left(\bar{F}-\frac{1}{2}\right)^2
\end{aligned}$$

を提案した.ここで,$\bar{F}-\frac{1}{2}$ は

$$F_0(X_{(i)})-\frac{2i-1}{2n}$$

の算術平均を表す.また,n が大きいとき,極限分布は

$$\Pr(\mathrm{WG}\le z)=1-\sum_{j=1}^{\infty}(-1)^{j-1}2\exp(-2j^2\pi^2 z)$$

となり,以下の表を与える.

z	0.15176	0.18688	0.22199	0.26841
$\Pr(\mathrm{WG}\le z)$	0.9000	0.9500	0.9750	0.9900

また,上記以外の確率分布表については付録の表 A.21 を参照のこと.

Chapter 3

1 標本検定問題

　統計的仮説検定とは,調査および研究の対象となる母集団に対して,設定された仮説が妥当か否かを,標本から得られた情報をもとに検証する問題であった.1つの母集団,もしくは対応のある2つの母集団の差に正規分布が仮定されている場合,t 検定などが多く用いられる.この母集団分布に仮定されている正規性を外した条件のもとで検定を行うのに有用であるのがノンパラメトリック検定である.本章では,いくつかの代表的なノンパラメトリック検定統計量の重要な性質および検定方式を紹介するとともに,実データに対する検定を例題として取り上げることで,1標本ノンパラメトリック検定について理解を深めることを目的とする.

3.1　はじめに

　母集団から 1 組の確率標本 $X = (X_1, X_2, \ldots, X_n)$ が得られているとする.この標本に基づいて,母集団分布の平均 (中央値,位置) がある既知の値に等しいか検定する問題について考える.ただし,母集団分布には連続性を仮定する.本章では,対称な分布の下で有用なウィルコクソン符号付き順位検定および非対称な分布を扱える符号検定を扱う.母集団分布に正規分布が仮定される場合には,1 標本 t 検定を用いて検定すればよい.しかし,1 標本 t 検定に対するウィルコクソン符号付き順位検定の漸近相対効率は $3/\pi$ であり,正規分布以外の多くの分布に対して漸近相対効率が 100% を超えることが知られている.

　ここで,"薬剤投与前と薬剤投与後の数値の変化" や "安静時の血圧と運動後の血圧の数値" など同一の個体から得られた 2 組の標本について考える.2 組の標本を $Y_1 = (Y_{11}, Y_{12}, \ldots, Y_{1n})$ および $Y_2 = (Y_{21}, Y_{22}, \ldots, Y_{2n})$ とする.この場合,一見すると 2 標本検定問題である.このとき,Y_1 と Y_2 の平均に違い

があるか検定したい場合, 対になったデータの差, すなわち,

$$X_1 = Y_{11} - Y_{21}, X_2 = Y_{12} - Y_{22}, \ldots, X_n = Y_{1n} - Y_{2n}$$

とすることで, $X = (X_1, X_2, \ldots, X_n)$ が 0 に等しいか検定する 1 標本の仮説検定に帰着できる.

3.2 ウィルコクソン符号付き順位検定

$X = (X_1, X_2, \ldots, X_n)$ を独立で同一な連続分布関数 $F(x - \Delta)$ に従う確率標本とする. ただし, $F(x - \Delta)$ は Δ に関して対称であると仮定する. このとき, 帰無仮説を

$$H_0 : \Delta = \Delta_0$$

とする. 両側検定の場合, 対立仮説は

$$H_1 : \Delta \neq \Delta_0$$

となる. また, 片側検定の場合, 対立仮説は

$$H_1^+ : \Delta > \Delta_0$$

もしくは

$$H_1^- : \Delta < \Delta_0$$

となる.

ここで, $|Z_1| = |X_1 - \Delta_0|, |Z_2| = |X_2 - \Delta_0|, \ldots, |Z_n| = |X_n - \Delta_0|$ とする. このとき, 検定統計量として

$$W_n = \sum_{i=1}^{n} i V_i$$

が Wilcoxon (1945) によって提案され, ウィルコクソン符号付き順位検定 (Wilcoxon signed-rank test) として広く知られている. ただし,

$$V_i = \begin{cases} 1 & (|Z_{(i)}| \text{ における観測値 } Z_{(i)} \text{ の符号が正のとき}) \\ 0 & (|Z_{(i)}| \text{ における観測値 } Z_{(i)} \text{ の符号が負のとき}) \end{cases}$$

かつ $|Z_{(1)}| < |Z_{(2)}| < \cdots < |Z_{(n)}|$ となる絶対順序統計量である.

対立仮説が $H_1^+ : \Delta > 0$ の場合,対立仮説の下では統計量 W_n は大きな値をとる傾向があるので,有意確率は $\Pr(W_n > w_n)$ によって与えられる.逆に,対立仮説が $H_1^- : \Delta < 0$ の場合,対立仮説の下では統計量 W_n は小さな値をとる傾向があるので,有意確率は $\Pr(W_n < w_n)$ によって与えられる.

例えば $n=3$ のとき,

順位の組合せ	W_n
空集合	0
$\{1\}$	1
$\{2\}$	2
$\{3\}$	3
$\{1,2\}$	3
$\{1,3\}$	4
$\{2,3\}$	5
$\{1,2,3\}$	6

である.したがって,

w_n	0	1	2	3	4	5	6
$\Pr(W_n = w_n)$	$\frac{1}{8}$	$\frac{1}{8}$	$\frac{1}{8}$	$\frac{2}{8}$	$\frac{1}{8}$	$\frac{1}{8}$	$\frac{1}{8}$

となることから,$w_n = 4$ の場合,

$$\Pr(W_n \leq 4) = \frac{6}{8}$$

もしくは,

$$\Pr(W_n \geq 5) = \frac{2}{8}$$

となる.このように,すべての組合せを求めることにより,ウィルコクソン符号付き順位検定の帰無分布を導出することができる.これらの計算を施すことで,ウィルコクソン符号付き順位検定の棄却点が McCornack (1965) によって与えられ,Wilcoxon et al. (1973) によって棄却点の表が拡張されている.

確率分布に対称性を仮定したが,もし中央値が 0 であっても,非対称な分布の場合,例えば右裾の重い分布を仮定した場合,正の観測値は負の観測値よりも 0 から遠い値をとる可能性が大きくなってしまう.そのため,帰無仮説の下であっても統計量 W_n の値が大きくなってしまうので,対称性の仮定は重要である.

3.2 ウィルコクソン符号付き順位検定

ここで, ウィルコクソン符号付き順位検定の平均および分散について考えてみる. 帰無仮説の下で,

$$\Pr(V_i = 1) = \Pr(V_i = 0) = \frac{1}{2} \tag{3.1}$$

となる. したがって, ウィルコクソン符号付き順位検定の積率母関数は

$$\begin{aligned} \text{MGF}(\theta) &= \text{E}[\exp(\theta W_n)] \\ &= \text{E}\left[\exp\left(\theta \sum_{i=1}^{n} iV_i\right)\right] \\ &= \prod_{i=1}^{n} \text{E}[\exp(\theta i V_i)] \end{aligned}$$

によって与えられる. ここで,

$$\text{E}[\exp(\theta i V_i)] = \frac{1}{2}e^0 + \frac{1}{2}e^{\theta i} = \frac{1}{2}(1 + e^{\theta i})$$

より

$$\text{MGF}(\theta) = \frac{1}{2^n} \prod_{i=1}^{n} \left(1 + e^{\theta i}\right)$$

を得る. したがって,

$$\text{E}(W_n) = \frac{n(n+1)}{4}, \quad \text{V}(W_n) = \frac{n(n+1)(2n+1)}{24}$$

となる. 積率母関数から平均や分散を導出したが, 積率母関数を用いなくても, (3.1) 式から直接平均や分散を導出することも可能である.

検定を行う際, 棄却点の導出が必要であるが, n が大きい場合, 正確な棄却点の導出は困難である. そのため,

$$\Pr(W_n \geq w_n) = 1 - \Phi\left(\frac{t - \text{E}(W_n)}{\sqrt{\text{V}(W_n)}}\right)$$

として正規近似することが可能である. この正規近似を用いることで, ウィルコクソン符号付き順位検定の検出力は

$$\Phi\left(\Delta\sqrt{12n} \int_{-\infty}^{\infty} f(x)^2 dx - t\right)$$

によって近似することができる. 詳しい説明は省略するが, 1 標本 t 検定に対

するウィルコクソン符号付き順位検定の漸近相対効率は 2 標本 t 検定に対するウィルコクソン順位和検定と一致する.

また, ウィルコクソン符号付き順位検定の分布に対する近似として

$$\Pr(W_n \geq w_n) = 1 - \Phi(u) - \left[\frac{3n^2 + 3n - 1}{10n(n+1)(2n+1)}\right](u^3 - 3u)\phi(u)$$

なども提案されている. ただし,

$$u = \frac{w_n - \mathrm{E}(W_n)}{\sqrt{\mathrm{V}(W_n)}}$$

である.

ウィルコクソン符号付き順位検定を行う際, 同順位が出てきた場合は中間順位を用いる. しかしながら, 同順位が存在する場合, McCornack (1965) や Wilcoxon et al. (1973) によって与えられた棄却点の表は利用することができない. もし同順位が存在する場合, 並べ替え検定 (permutation test) を適用するか, 次の正規近似

$$\Pr(W_n^* \geq w_n^*) = 1 - \Phi\left(\frac{w_n^* - n(n+1)/4}{\sqrt{\mathrm{V}(W_n^*)}}\right),$$

を利用する必要がある. ただし,

$$\mathrm{V}(W_n^*) = \frac{n(n+1)(2n+1)}{24} - \frac{1}{48}\sum_{j=1}^{k} t_i(t_i^2 - 1)$$

であり, k は同順位を与える集合の個数, t_i は i 番目の集合における同順位の個数を表す. 前述した並べ替え検定を適用する場合, 実は連続性の仮定を外すことが可能となる. 並べ替え検定の詳しい内容については, 例えば Pesarin (2001) を参照していただきたい.

例題 Grambsch (1994) によって, 正常な肺のときと肺がんを患っているときの分泌型免疫グロブリン A (secretory immunoglobulin A: sIgA) のデータが与えられている. Δ を sIgA を示すパラメータとして, 帰無仮説 $H_0 : \Delta = 0$ に対して, 対立仮説 $H_1 : \Delta > 0$ の有意水準 5% の検定を行う.

患者	1	2	3	4	5	6	7	8
正常な肺 Y_1	6.65	5.49	11.61	1.34	1.85	3.73	1.72	7.15
肺がん Y_2	9.29	3.45	30.19	1.38	0.81	2.04	1.90	6.06
$Z = Y_2 - Y_1$	2.64	-2.04	18.58	0.04	-1.04	-1.69	0.18	-1.09
$\|Z\|$ の順位	7	6	8	1	3	5	2	4

上記の表より,

$$W_n = 7 + 8 + 1 + 2 = 18$$

を得ることから, $\Pr(W_n \geq 18) \approx 0.527$ より帰無仮説を棄却できない.

3.3 符号検定

　非対称な分布の場合, 帰無仮説の下であってもウィルコクソン符号付き順位検定の統計量は大きくなってしまうことを前節で記述した. しかしながら, 非対称な分布はたくさん存在する. そのような場合, どのようにすればよいだろうか? 本節では, 非対称な分布における位置母数の検定について考える.
　$X = (X_1, X_2, \ldots, X_n)$ を独立で同一な分布関数 $F(x - \Delta)$ に従う確率標本とする. $F(x - \Delta)$ は Δ を中央値とする未知な連続分布関数と仮定する. このとき, 帰無仮説を

$$H_0 : \Delta = \Delta_0 \quad \text{もしくは} \quad H_0 : \Pr(X > \Delta_0) = \Pr(X < \Delta_0) = \frac{1}{2}$$

とする.
　両側検定を行う場合, 両側対立仮説は

$$H_1 : \Delta \neq \Delta_0 \quad \text{もしくは} \quad H_1 : \Pr(X > \Delta_0) \neq \frac{1}{2}$$

と表すことができる.
　また, 片側検定を行う場合, 片側対立仮説は

$$H_1^+ : \Delta > \Delta_0 \quad \text{もしくは} \quad H_1^+ : \Pr(X > \Delta_0) > \frac{1}{2}$$

と表すことができる. 同様に, 反対側の片側対立仮説は

$$H_1^- : \Delta < \Delta_0 \quad \text{もしくは} \quad H_1^- : \Pr(X > \Delta_0) < \frac{1}{2}$$

となる.

上記の仮説に対して, 検定統計量として

$$S_n = \sum_{i=1}^{n} I(X_i)$$

が提案されており, 符号検定 (sign test) として広く知られている. ただし,

$$I(x) = \begin{cases} 1 & (x > \Delta_0) \\ 0 & (x \leq \Delta_0) \end{cases}$$

である. つまり, 符号検定は中央値よりも大きくなる X の個数を考えることと同じである.

帰無仮説の下で, $I(X_i)$ はパラメータを 1, 確率が

$$p = \Pr(X > \Delta_0) = 1 - F(\Delta_0) = \frac{1}{2}$$

となる 2 項分布 $B(1, 1/2)$ に従う. したがって, S_n の分布は n 個の 2 項分布の和となるので $B(n, 1/2)$ となる. このことから, $\Pr(S_n \geq s_n)$ の棄却点 s_n は 2 項分布表から見つけることができる. 上記のことから, 帰無仮説の下で S_n は分布の仮定が必要ないことに注意されたい.

もし対立仮説が H_1^+ ならば, 対立仮説の下では S_n は大きい値をとる傾向がある. したがって, 有意確率 $\Pr(S_n \geq s_n)$ が小さいとき, 帰無仮説を棄却することができる. この有意確率の値は

$$\Pr(S_n \geq s_n) = \frac{1}{2^n} \sum_{i=s_n}^{n} \binom{n}{i} \leq \alpha$$

によって求めることができる.

また, 対立仮説が H_1^- ならば, S_n は小さい値をとる傾向がある. よって,

$$\Pr(S_n \leq s_n) = \frac{1}{2^n} \sum_{i=0}^{s_n} \binom{n}{i} \leq \alpha$$

より有意確率の値を求めることができる.

片側検定における有意確率より, 対立仮説 H_0 の有意確率の値は

$$\Pr(S_n \leq s_n) = \frac{1}{2^n} \sum_{i=0}^{\frac{s_n}{2}} \binom{n}{i} \leq \frac{\alpha}{2},$$

$$\Pr(S_n \geq s_n) = \frac{1}{2^n} \sum_{i=\frac{s_n}{2}}^{n} \binom{n}{i} \leq \frac{\alpha}{2}$$

によって求めることができる．

S_n の分布は $B(n, 1/2)$ となることから，統計量 S_n の平均と分散は

$$\mathrm{E}(S_n) = \frac{n}{2}, \quad \mathrm{V}(S_n) = \frac{n}{4}$$

である．したがって，標本サイズ n が大きいとき，正規近似より有意確率は

$$\Pr(S_n \geq s_n) = 1 - \Phi\left(\frac{s_n - \mathrm{E}(S_n)}{\sqrt{\mathrm{V}(S_n)}}\right)$$

によって得られる．

例題 ウィルコクソン符号付き順位検定の例題 (p. 35) と同様に，Grambsch (1994) によって与えられた正常な肺のときと肺がんを患っているときの sIgA のデータを用いる．

Δ を sIgA を示すパラメータとして，帰無仮説および対立仮説を $H_0 : \Delta = 0$, $H_1^+ : \Delta > 0$ とし，有意水準 5% の符号検定を行う．

患者	1	2	3	4	5	6	7	8
正常な肺 X_1	6.65	5.49	11.61	1.34	1.85	3.73	1.72	7.15
肺がん X_2	9.29	3.45	30.19	1.38	0.81	2.04	1.90	6.06
$X = X_2 - X_1$	2.64	-2.04	18.58	0.04	-1.04	-1.69	0.18	-1.09
$I(X)$	1	0	1	1	0	0	1	0

上記の表より

$$S_n = 1 + 0 + 1 + 1 + 0 + 0 + 1 + 0 = 4$$

を得ることから，$\Pr(S_n \geq 4) \approx 0.637$ より帰無仮説は棄却できない．

対象とする分布に対称性が仮定できない場合，t 検定やウィルコクソン符号付き順位検定は妥当性を失うため符号検定を用いる必要があるが，符号検定にも注意するべきことがある．

例えば，$n = 9$, $s_n \geq 4$ に対する有意確率を計算すると

s_n	4	5	6	7	8	9
$\Pr(S_n \geq s_n)$	0.7461	0.5000	0.2539	0.0898	0.0195	0.0020

となる.よって s_n の値によって有意確率は大きく異なるので,n が小さい場合には荒い検定であることに注意しなければならない.

先ほど,帰無仮説 H_0 の下での符号検定 S_n の分布は,検定する分布に依存しないことを述べた.しかしながら,例えば対立仮説 H_1^+ のような下で符号検定 S_n は $B(n,p)$ に従うが,

$$p = \Pr(X > \Delta_0) = 1 - F(-\Delta)$$

となることから,符号検定は分布関数 F に依存することが分かる.このとき,

$$\Pr(S_n = s_n) = \binom{n}{s_n} p^s (1-p)^{n-s_n}$$

となることから,符号検定 S_n の検出力関数 $PF(p)$ は

$$PF(p) = \Pr(S_n \geq s_n | H_1) = \sum_{i=s_n}^{n} \binom{n}{i} p^i (1-p)^{n-i}$$

によって与えられる.ただし,棄却点 s_n は

$$\frac{1}{2^n} \sum_{i=s_n}^{n} \binom{n}{i} \leq \alpha$$

を満たすものである.

対立仮説の下で,符号検定の平均と分散は

$$\mathrm{E}(S_n) = np, \quad \mathrm{V}(S_n) = np(1-p)$$

となる.したがって,符号検定の漸近検出力は

$$\lim_{n \to \infty} PF(p) = \lim_{n \to \infty} \Pr\left(\frac{S_n - np}{\sqrt{np(1-p)}} \geq \frac{s_n\sqrt{n/4} - (np - n/2)}{\sqrt{np(1-p)}}\right)$$
$$= 1 - \Phi\left(\frac{s_n - np}{\sqrt{np(1-p)}}\right)$$

によって与えられる.

3.4 カプラン-マイヤー推定量

ある事象が発生する時間を T とする.また,T は分布関数 $F(t)$ から得られ

3.4 カプラン-マイヤー推定量

る確率変数とする．ただし，分布関数には連続性が仮定されるとする．このとき，

$$S(t) = \Pr(T > t) = 1 - F(t)$$

によって定義される関数を**生存関数**という．このとき，時点 t_i での生存関数は，前章で述べた経験分布関数

$$\hat{S}(t) = \frac{\#\{t_i > t\}}{n}$$

によって推定することができる．しかしながら，打切りデータがある場合，すなわち t_i 時点以降データの観測ができなくなった場合，経験分布関数によって推定するのは必ずしも良い方法とは言えない．

では，どのように生存関数を推定すれば良いだろうか？まず，$t_{(1)}, t_{(2)}, \ldots, t_{(k)}$ を相異なる事象発生までの時間とする．打切りデータがある場合，$k < n$ となる．d_i を時点 $t_{(i)}$ と等しくなる打切りなしのデータの個数，n_i を時点 $\geq t_{(i)}$ におけるデータの個数とする．このとき，Kaplan and Meier (1958) は生存関数の推定量として

$$\hat{S}(t) = \prod_{t_{(i)} \leq t} \left(1 - \frac{d_i}{n_i}\right)$$

を提案し，**カプラン-マイヤー推定量** (Kaplan–Meier estimator) として広く知られている．また，$\hat{S}(t)$ の漸近平均は $S(t)$ となり，漸近分散の推定量は

$$\hat{V}[\hat{S}(t)] = \hat{S}(t)^2 \sum_{i|t_i<t} \frac{d_i}{n_i(n_i - d_i)}$$

によって与えられる．この式はグリーンウッド (Greenwood) の公式と呼ばれている．

例題 Fleming *et al.* (1980) によって以下のデータが与えられた．

34	88	137	199	280	291	299$^+$	300$^+$	309	351
358	369	369	370	375	382	392	429$^+$	451	1119$^+$

上記のデータについて，カプラン-マイヤー推定量を求めると，表 3.1 のような値を得る．

表 3.1

i	1	2	3	4	5	6	7	8
$t_{(i)}$	34	88	137	199	280	291	309	351
d_i	1	1	1	1	1	1	1	1
n_i	20	19	18	17	16	15	12	11
$1 - d_i/n_i$	0.950	0.974	0.944	0.941	0.938	0.933	0.917	0.909
$\hat{S}(t)$	0.950	0.925	0.873	0.822	0.771	0.719	0.660	0.600
i	9	10	11	12	13	14	15	
$t_{(i)}$	358	369	370	375	382	392	451	
d_i	1	2	1	1	1	1	1	
n_i	10	9	7	6	5	4	2	
$1 - d_i/n_i$	0.900	0.778	0.857	0.833	0.800	0.750	0.500	
$\hat{S}(t)$	0.540	0.420	0.360	0.300	0.240	0.180	0.090	

この例題に対するカプラン–マイヤー推定量をプロットすると次の図 3.1 となる．

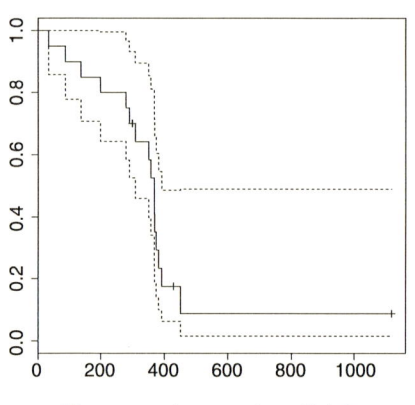

図 3.1 カプラン–マイヤー推定量

3.5 マクネマー検定

同一の個体に 2 種類の処置を施し，2 つのカテゴリーに分割する次のような 2×2 分割表について考える．したがって，本節では対応のある分割表について考える．

3.5 マクネマー検定

処置前	処置後		合 計
	成 功	失 敗	
成 功	X_{11}	X_{12}	$X_{1\cdot} = X_{11} + X_{12}$
失 敗	X_{21}	X_{22}	$X_{2\cdot} = X_{21} + X_{22}$
合 計	$X_{\cdot 1} = X_{11} + X_{21}$	$X_{\cdot 2} = X_{12} + X_{22}$	n

また,それぞれのセル確率を $\Delta_{11}, \Delta_{12}, \Delta_{21}, \Delta_{22}$ とする.ただし,$\Delta_{11} + \Delta_{12} + \Delta_{21} + \Delta_{22} = 1$ である.したがって,処置前および処置後の確率は,それぞれ $\Delta_{1\cdot} = \Delta_{11} + \Delta_{12}, \Delta_{\cdot 1} = \Delta_{11} + \Delta_{21}$ によって与えられる.このとき,次のような仮説について考える.

$$H_0 : \Delta_{1\cdot} = \Delta_{\cdot 1},$$
$$H_1 : \Delta_{1\cdot} \neq \Delta_{\cdot 1}.$$

上記の仮説に対して,McNemar (1947) は検定統計量

$$\text{MTP} = \frac{(X_{12} - X_{21})^2}{X_{12} + X_{21}}$$

を提案し,マクネマー検定 (McNemar test) として知られている.また,マクネマー検定は $X_{12} + X_{21}$ が大きいとき,自由度 1 の χ^2 分布に従うので,これを利用して検定を行う.

近年,Lu (2010) によって修正型マクネマー検定

$$\text{MTP}^* = \frac{(X_{12} - X_{21})^2}{(X_{12} + X_{21})\left(1 + \frac{X_{11} + X_{22}}{n}\right)}$$

が提案されており,$X_{12} + X_{21} \geq 10$ ならば修正型マクネマー検定を使う方が良いことが述べられている.

例題 ベル (Bell) 法および加藤-カッツ (Kato-Katz) 法によって卵の中にマンソン住血吸虫を発見できたか否かのデータが,Hand *et al.* (1994) によって以下のように与えられている.

ベル法	加藤-カッツ法		合 計
	+	−	
+	184	54	238
−	14	63	77
合 計	198	117	315

ベル法による発見の成功率と加藤-カッツ法による発見の成功率に違いがあるかマクネマー検定および修正型マクネマー検定を用いて有意水準 5% 検定を行う.
　上記の表より
$$\mathrm{MTP} = \frac{(54-14)^2}{54+14} \approx 23.53,$$
$$\mathrm{MTP}^* = \frac{(54-14)^2}{(54+14)(1+\frac{184+63}{315})} \approx 13.19$$
となる. したがって, マクネマー検定および修正型マクネマー検定によって帰無仮説を棄却することができる.

Chapter 4

2 標本検定問題

　統計的仮説検定で最も多く取り扱われる問題の 1 つに, 2 つの母集団から得られた確率標本の位置や尺度, もしくは母集団分布が等しいか検定する問題がある. Wilcoxon (1945) によって順位に基づく検定方法が提案されて以降, 多くの研究者によって研究がなされ, 現在においてノンパラメトリック法は統計学の中で最も重要な手法の 1 つとして知られるようになった. 本章では, 2 標本検定問題における検定統計量の分布および検出力, 基本的性質を導入するとともに, 様々なノンパラメトリック検定統計量を紹介する. また, 実データに対する検定を例題として取り上げることで, 2 標本ノンパラメトリック検定について理解を深めることを目的とする.

4.1　は　じ　め　に

　$X_1 = (X_{11}, X_{12}, \ldots, X_{1n_1})$ を分布関数 $F_1(x)$ を持つ母集団からの確率標本, $X_2 = (X_{21}, X_{22}, \ldots, X_{2n_2})$ を分布関数 $F_2(x)$ を持つ母集団からの確率標本とする. このとき, 検定問題として

$$H_0 : F_1(x) = F_2(x)$$

のような問題を考える. ただし, F_1 と F_2 については連続性だけが仮定され, それ以外については分からないものとする.

　データ解析において, 最もよく利用される情報は分布の加法性である. つまり, 未知母数 Δ に対して

$$F_2(x) = \Pr(X_2 \leq x) = \Pr(X_1 \leq x - \Delta) = F_1(x - \Delta), \quad \Delta \neq 0$$

とおくことと同じである. よって, X_2 と $X_1 + \Delta$ は同じ分布, もしくは, X_1 と

$X_2 - \Delta$ は同じ分布となる. $\Delta > 0$ ならば, 分布関数 F_1 は右方向へ平行移動し, $\Delta < 0$ ならば, 分布関数 F_1 は左方向へ平行移動する. また, $\Delta = 0$ の場合, 分布関数 F_1 と F_2 は等しくなる.

また, よく利用される情報としてスカラー性もある. つまり, 未知母数 Δ に対して

$$F_2(x) = \Pr(X_2 \leq x) = \Pr\left(\frac{X_1}{\Delta} \leq x\right) = F_1(\Delta x), \quad \Delta > 0$$

とおくことと同じである. したがって, X_2 と X_1/Δ は同じ分布, もしくは, X_1 と ΔX_2 は同じ分布となる.

その他に, 加法性およびスカラー性を考慮した

$$F_2(x) = F_1\left(\frac{x - \Delta_1}{\Delta_2}\right), \quad \Delta_2 > 0$$

なども考えることができる.

これらのモデルは, ノンパラメトリック法において最もよく扱われる 2 標本問題の 1 つである. また, 対立仮説としては

$$H_1^{\mathrm{a}} : F_1(x) \neq F_2(x),$$
$$H_1^{\ell} : F_1(x) = F_2(x - \Delta), \quad \Delta \neq 0,$$
$$H_1^{\mathrm{s}} : F_1(x) = F_2(\Delta x), \quad \Delta \neq 1, \Delta > 0$$

が多く用いられる. また, レーマン (Lehmann) 仮説と呼ばれる

$$H_1^{\mathrm{EL}} : F_1(x) = F_2(x)^k, \quad k \neq 1, k \in \mathbb{N}$$

などもある. 本章では, 対立仮説 $H_1^{\mathrm{a}}, H_1^{\ell}, H_1^{\mathrm{s}}$ に有効な検定統計量について基本的性質とともに述べる.

4.2 線形順位統計量の定義と分布および性質

本節では, 線形順位統計量の定義や性質について述べる. まず, 確率標本 $X_1 = (X_{11}, \ldots, X_{1n_1})$ と $X_2 = (X_{21}, \ldots, X_{2n_2})$ を統合し, 小さい方から大きさの順に並べた確率標本を $Y = (Y_1, Y_2, \ldots, Y_N)$ とする. ただし, $N = n_1 + n_2$ である. 確率標本 Y において, X_i が確率標本 X_1 に属するものであれば $Z_i = 1$,

確率標本 X_2 に属するものであれば $Z_i = 0$ とする.

このとき, 線形順位和検定 (linear rank sum test) は

$$T_N(Z) = \sum_{i=1}^{N} a_i Z_i \tag{4.1}$$

で定義される検定統計量であり, a_i をスコア関数と呼ぶ.

命題 4.1 帰無仮説 H_0 の下で, $Z_i, i = 1, \ldots, N,$ の平均, 分散, 共分散は

$$\mathrm{E}(Z_i) = \frac{n_1}{N}, \ \mathrm{V}(Z_i) = \frac{n_1 n_2}{N^2}, \ \mathrm{cov}(Z_i, Z_j) = \frac{-n_1 n_2}{N^2(N-1)} \quad (i \neq j) \tag{4.2}$$

となる.

証明 Z_i は 1 もしくは 0 の値をとる確率変数なので 2 項分布に従うことから, 帰無仮説の下では

$$\Pr(Z_i = 1) = \frac{n_1}{N}, \quad \Pr(Z_i = 0) = \frac{n_2}{N}$$

となる. よって, 平均と分散は

$$\mathrm{E}(Z_i) = \frac{n_1}{N}, \quad \mathrm{V}(Z_i) = \frac{n_1 n_2}{N^2}$$

で与えられる. また, $i \neq j$ のとき, Z_i と Z_j の同時積率が

$$\mathrm{E}(Z_i Z_j) = \Pr(Z_i = 1 \cap Z_j = 1) = \frac{\binom{n_1}{2}}{\binom{N}{2}} = \frac{n_1(n_1 - 1)}{N(N-1)}$$

となることを用いることで,

$$\mathrm{cov}(Z_i, Z_j) = \mathrm{E}(Z_i Z_j) - \mathrm{E}(Z_i)\mathrm{E}(Z_j) = \frac{-n_1 n_2}{N^2(N-1)}$$

を得る. □

これらの性質を使うことで, 以下を示すことができる.

命題 4.2 帰無仮説 H_0 の下で, 検定統計量 $T_N(Z)$ の期待値, 分散は

$$\mathrm{E}[T_N(Z)] = \frac{n_1}{N} \sum_{i=1}^{N} a_i, \tag{4.3}$$

$$\mathrm{V}[T_N(Z)] = \frac{n_1 n_2}{N^2(N-1)} \left[N \sum_{i=1}^{N} a_i^2 - \left(\sum_{i=1}^{N} a_i \right)^2 \right] \tag{4.4}$$

で与えられる.

証明 (4.2) 式より

$$E[T_N(Z)] = \sum_{i=1}^{N} a_i E(Z_i) = \frac{n_1}{N} \sum_{i=1}^{N} a_i,$$

$$V[T_N(Z)] = \sum_{i=1}^{N} a_i^2 V(Z_i) + \sum_{i \neq j} a_i a_j \mathrm{cov}(Z_i, Z_j)$$

$$= \frac{n_1 n_2}{N^2} \sum_{i=1}^{N} a_i^2 - \frac{n_1 n_2}{N^2(N-1)} \sum_{i \neq j} a_i a_j$$

$$= \frac{n_1 n_2}{N^2(N-1)} \left(N \sum_{i=1}^{N} a_i^2 - \sum_{i=1}^{N} a_i^2 - \sum_{i \neq j} a_i a_j \right)$$

$$= \frac{n_1 n_2}{N^2(N-1)} \left[N \sum_{i=1}^{N} a_i^2 - \left(\sum_{i=1}^{N} a_i \right)^2 \right]$$

を得る. □

また, 高次の積率を導出するためには, 積率母関数やキュムラント母関数を用いて導出する方が便利である. 一般の線形順位和検定の確率母関数は, 帰無仮説の下で

$$\mathrm{PGF}(s,t) = \binom{N}{n_1}^{-1} \prod_{i=1}^{N}(1+s^{a_i}t)[t^{n_1}]$$

によって与えられることが, Euler (1748) によって示されている. ただし, $G(x,t)[t^{n_1}]$ は関数 $G(x,t)$ における t^{n_1} の係数を表す. この確率母関数より, 線形順位和検定の積率母関数は

$$\mathrm{E}\left[T_N^k(Z)\right] = \left. \frac{d^k}{d\theta^k} \mathrm{PGF}(\exp(\theta), t) \right|_{\theta=0} [t^{n_1}]$$

によって与えられる. また, k 次キュムラントは

$$\kappa_k = \mathrm{E}[T_N^k(Z)] - \sum_{i=1}^{k-1} \binom{k-1}{i-1} \kappa_i \mathrm{E}[T_N^{k-i}(Z)], \quad \text{ただし} \quad \kappa_1 = \mathrm{E}[T_N(Z)]$$

となることが Smith (1995) によって与えられている.

ここで, 2つの線形順位統計量を

4.2 線形順位統計量の定義と分布および性質

$$T_N(Z) = \sum_{i=1}^{N} a_i Z_i, \quad T_N^*(Z) = \sum_{i=1}^{N} a_i^* Z_i$$

とするとき，以下の命題を得る．

命題 4.3 帰無仮説 H_0 の下で線形順位統計量の共分散は

$$\mathrm{cov}(T_N(Z), T_N^*(Z)) = \frac{n_1 n_2}{N^2(N-1)} \left(N \sum_{i=1}^{N} a_i a_i^* - \sum_{i=1}^{N} a_i \sum_{i=1}^{N} a_i^* \right)$$

によって与えられる．

証明 (4.2) 式より

$$\mathrm{cov}(T_N(Z), T_N^*(Z)) = \sum_{i=1}^{N} a_i a_i^* \mathrm{V}(Z_i) + \sum_{i \neq j} a_i a_j^* \mathrm{cov}(Z_i, Z_j)$$

$$= \frac{n_1 n_2}{N^2} \sum_{i=1}^{N} a_i a_i^* - \frac{n_1 n_2}{N^2(N-1)} \sum_{i \neq j} a_i a_i^*$$

$$= \frac{n_1 n_2}{N^2(N-1)} \left(N \sum_{i=1}^{N} a_i a_i^* - \sum_{i=1}^{N} a_i \sum_{i=1}^{N} a_i^* \right)$$

を得る． □

ここで，線形順位統計量の帰無分布について考える．
まず，$(t_1, t_2, \ldots, t_{n_1})$ を $(1, 2, \ldots, N)$ の部分集合とする．ただし，$t_1 < t_2 < \cdots < t_{n_1}$ である．すなわち，

$$\mathrm{Pr}(R_{(1)} = t_1, R_{(2)} = t_2, \ldots, R_{(n_2)} = t_{n_1}) = \frac{n_1! n_2!}{N!} = \frac{1}{\binom{N}{n_1}}$$

を得る．$t(x; n_1, N)$ を $T_N(Z) = x$ となるような組合せの個数とすると，線形順位統計量の帰無分布は

$$\mathrm{Pr}(T_N(Z) = x) = \frac{t(x; n_1, N)}{\binom{N}{n_1}} \tag{4.5}$$

によって与えられる．
また，

$$\Pr\{T_N(Z) - \mathrm{E}[T_N(Z)] = k\} = \Pr\{T_N(Z) - \mathrm{E}[T_N(Z)] = -k\}$$

となるとき，線形順位統計量 $T_N(Z)$ の分布は，$\mu = \mathrm{E}[T_N(Z)]$ に関して対称である．つまり，μ に関して $T_N(Z)$ が対称となる条件は

$$T_N(Z) + T_N(Z') = 2\mu$$

である．

さらに，次のいずれか1つが成り立てば，H_0 の下で μ について対称となる．

命題 4.4 次の3つが成り立つ．

1) すべての $i, i = 1, 2, \ldots, N$, に対して $a_i + a_{N+1-i} = $ 定数 ならば，$T_N(Z)$ の分布は μ に関して対称である．
2) $n_1 = n_2$ ならば，$T_N(Z)$ の分布は，μ に関して対称である．
3) $N = n_1 + n_2$ が偶数で，$i \leq \frac{N}{2}$ に対して $a_i = 1$, かつ $i > \frac{N}{2}$ に対して $a_i = N + 1 - i$ ならば，$T_N(Z)$ の分布は μ に関して対称である．

1) の証明 $Z = (Z_1, Z_2, \ldots, Z_N)$, $Z' = (Z'_1, Z'_2, \ldots, Z'_N)$ とする．ただし，$Z'_i = Z_{N+1-i}$ である．Z と Z' は並べ替えを行っただけであり，同じ分布に従うので，

$$\begin{aligned}
T_N(Z) + T_N(Z') &= \sum_{i=1}^{N} a_i Z_i + \sum_{i=1}^{N} a_i Z_{N+1-i} \\
&= \sum_{i=1}^{N} a_i Z_i + \sum_{i=1}^{N} a_{N+1-i} Z_i \\
&= \sum_{i=1}^{N} (a_i + a_{N+1-i}) Z_i \\
&= C \sum_{i=1}^{N} Z_i = C n_1
\end{aligned}$$

となる．Z と Z' は同じ分布に従うことから，

$$\mathrm{E}(T_N(Z)) = \mathrm{E}(T_N(Z')) = \mu$$

となるので，$cn_1 = 2\mu$ を得る．よって，

$$\begin{aligned}
\Pr\{T_N(Z) - \mu = k\} &= \Pr\{2\mu - T_N(Z') - \mu = k\} \\
&= \Pr\{T_N(Z) - \mu = -k\}
\end{aligned}$$

を示すことができる． □

2) の証明 $n_1 = n_2$ なので, $Z_i' = 1 - Z_i$ とおく. $T_N(Z)$ と $T_N(Z')$ は同じ分布に従い,
$$T_N(Z) + T_N(Z') = \sum_{i=1}^{N} a_i Z_i + \sum_{i=1}^{N} a_i(1 - Z_i)$$
となる. よって, 1) と同様に対称となることが言える. □

3) の証明 $i \leq \frac{N}{2}$ に対して $Z' = Z_{i+N/2}$ とおく. また, $i > \frac{N}{2}$ に対して $Z' = Z_{i-N/2}$ とおくと,
$$\begin{aligned} T_N(Z) + T_N(Z') &= \sum_{i=1}^{N/2} \left(\frac{N}{2} + 1\right) Z_i + \sum_{i=N/2+1}^{N} \left(\frac{N}{2} + 1\right) Z_i \\ &= n_1 \left(\frac{N}{2} + 1\right) \\ &= 2\mu \end{aligned}$$
を得る. したがって, 1), 2) と同様に対称となる. □

4.3 漸近正規性と漸近検出力

本節では, 検定を行う際に重要な役割を果たす漸近正規性およびその検出力について述べる.

スコア関数を $a_i = J_N \left(\dfrac{i}{N+1}\right)$ とする線形順位統計量
$$T_N(Z) = \sum_{i=1}^{N} J_N \left(\frac{i}{N+1}\right) Z_i$$
の漸近正規性については, 以下の性質を満たす必要がある.

定理 4.1 (チェルノフ-サーベッジの漸近正規性) 任意の $x \in (0, 1)$ に対して
$$\lim_{N \to \infty} J_N(x) = J(x)$$
が存在し, 定数でないとする. また, $J(x)$ が 1 回微分可能で, $J^{(r)}(x)$ を $J(x)$ の r 次導関数とする. このとき, 任意の $\delta > 0$, および $n_1, n_2, F_1(x), F_2(x)$ に依存しない K に対して

4.2 標本検定問題

$$|J^{(r)}(x)| = \left|\frac{d^r J(x)}{dx^r}\right| \le K[x(1-x)]^{-r-\frac{1}{2}+\delta} \quad (r=0,1)$$

が成り立つとする. ただし, $J^0(x) = J(x)$ である. このとき,

$$\lim_{N\to\infty} \Pr\left(\frac{\frac{1}{n_1}T_N(Z) - \mu_N}{\sigma_n} \le x\right) = \int_{-\infty}^{x} \frac{1}{\sqrt{2\pi}} \exp\left(-\frac{t^2}{2}\right) dt$$

が成り立つ. ただし,

$$\lambda_N = \frac{n_1}{N},$$

$$H(x) = \lambda_N F_1(x) + (1-\lambda_N)F_2(x), \tag{4.6}$$

$$\mu_N = \int_{-\infty}^{\infty} J[H(x)]f_1(x)dx, \tag{4.7}$$

$$N\sigma_N^2 = \frac{2\lambda_N}{1-\lambda_N}\Bigg\{(1-\lambda_N)\iint_{-\infty<x<y<\infty} F_2(x)\{1-F_2(y)\}J^{(1)}[H(x)]J^{(1)}[H(y)]$$

$$\times f_2(x)f_2(y)dxdy + \lambda_N \iint_{-\infty<x<y<\infty} F_1(x)\{1-F_1(y)\}J^{(1)}[H(x)]$$

$$\times J^{(1)}[H(y)]f_1(x)f_1(y)dxdy\Bigg\}$$

である.

この定理は, チェルノフ–サーベッジの漸近正規性 (Chernoff–Savage's asymptotic normality theorem, Chernoff and Savage, 1958) として広く知られている.

また, $F_1(x) = F_2(x)$ のとき,

$$\mu_N = \int_0^1 J(u)du,$$

$$N\sigma_N^2 = \frac{\lambda_N}{1-\lambda_N}\left\{\int_0^1 J^2(u)du - \left[\int_0^1 J(u)du\right]^2\right\}$$

が成り立つことから, チェルノフ–サーベッジの漸近正規性とこの性質を用いると, 帰無仮説の下で

$$\lim_{N\to\infty} \Pr\left\{\frac{T_N(Z) - \mathrm{E}[T_N(Z)]}{\sqrt{\mathrm{V}[T_N(Z)]}} \ge z_\alpha\right\} = 1 - \Phi(z_\alpha) = \alpha$$

が成り立つ.

対立仮説の下では

$$\Pr\left\{\frac{T_N(Z)-\mu_N}{\sigma_N} \geq \frac{\mathrm{E}[T_N(Z)]-\mu_N+z_\alpha\sqrt{\mathrm{V}[T_N(Z)]}}{\sigma_N}\right\}$$

となり，チェルノフ–サーベッジの漸近正規性から

$$\lim_{N\to\infty}\Pr\left\{\frac{T_N(Z)-\mu_N}{\sigma_N} \geq x\right\} = 1 - \Phi(x)$$

を得る．ここで，

$$\lim_{N\to\infty}\frac{\mathrm{E}(T_N(Z))-\mu_N+z_\alpha\sqrt{\mathrm{V}(T_N(Z))}}{\sigma_N}$$
$$= z_\alpha - \frac{\Delta\sqrt{N\lambda(1-\lambda)}}{\sqrt{\mathrm{V}(T_N(Z))}}\int_{-\infty}^{\infty}J'[F_1(x)]f_1^2(x)dx$$

に注意すると，

$$\lim_{N\to\infty}\Pr\left\{\frac{T_N(Z)-\mu_N}{\sigma_N} \geq \frac{\mathrm{E}(T_N(Z))-\mu_N+z_\alpha\sqrt{\mathrm{V}(T_N(Z))}}{\sigma_N}\right\}$$
$$= \Phi\left(\frac{\Delta\sqrt{N\lambda(1-\lambda)}}{\sqrt{\mathrm{V}(T_N(Z))}}\int_{-\infty}^{\infty}J'[F_1(x)]f_1^2(x)dx - z_\alpha\right)$$

が導かれる．したがって，分布関数を仮定することによって，線形順位統計量の漸近検出力を得ることができる．

4.4 局所最強力検定

本節では，局所最強力検定について紹介する．まず，f を絶対連続な確率密度関数，かつ

$$\int|f'(x)|\,dx < \infty$$

を満たすものとする．
　対立仮説

$$H_1^\ell : F_2(x) = F_1(x-\Delta), \quad \Delta \neq 0$$

において,
$$T_N(Z) = \sum_{i=1}^N a_i Z_i = \sum_{i=1}^N a_N(i,f) Z_i = \sum_{i=1}^N \mathrm{E}\left\{\psi_L(U_{(i)},f)\right\} Z_i$$
$$= \sum_{i=1}^N \mathrm{E}\left\{-\frac{f'(F^{-1}(U_{(i)}))}{f(F^{-1}(U_{(i)}))}\right\} Z_i$$

を満たすスコア関数は, H_1^ℓ に対して局所最強力順位検定となる (Hájek et al., 1999). ただし, $U_{(1)} < \cdots < U_{(N)}$ は, 区間 $[0,1]$ の一様分布からの順序統計量である. また, 対立仮説

$$H_1^s : F_2(x) = F_1(\Delta x), \quad \Delta \neq 1, \ \Delta > 0$$

に対して,
$$T_N(Z) = \sum_{i=1}^N a_i Z_i = \sum_{i=1}^N a_N(i,f) Z_i = \sum_{i=1}^N \mathrm{E}\left\{\psi_S(U_{(i)},f)\right\} Z_i$$
$$= \sum_{i=1}^N \mathrm{E}\left\{-1 - F^{-1}(U_{(i)}) \frac{f'(F^{-1}(U_{(i)}))}{f(F^{-1}(U_{(i)}))}\right\} Z_i$$

を満たすスコア関数は, H_1^s に対して局所最強力順位検定となる (Hájek et al., 1999).

ここで Hájek et al. (1999) の定理 3.1.2.4 を適用することで, スコア関数 $a_N(i,f)$ は

$$a_N(i,f) = N \binom{N-1}{i-1} \int_0^1 \psi(u,f) u^{i-1} (1-u)^{N-i} du$$

によって求めることができる.

4.5 位置母数の検定

本節では, 位置母数に対する検定問題について, 具体的な検定統計量を紹介しながら考える. まず, 帰無仮説

$$H_0 : F_1(x) = F_2(x)$$

に対して, 両側対立仮説は

$$H_1^\ell : F_1(x) = F_2(x - \Delta)$$

となる. ただし, $\Delta \neq 0$ である.

4.5 位置母数の検定

4.5.1 ウィルコクソン順位和検定

確率標本 $X_1 = (X_{11}, \ldots, X_{1n_1})$ と $X_2 = (X_{21}, \ldots, X_{2n_2})$ を統合して，新たに確率標本を $Y = (Y_1, Y_2, \ldots, Y_N)$ とする．確率標本 Y を小さい方から大きさの順に並べる．もし，標本 X_2 の中央値が標本 X_1 よりも大きいならば，X_2 のデータの順位は X_1 のデータの順位よりも大きくなる．その逆も同様である．この点に着目し，Wilcoxon (1945) は X_1 の順位和を用いた検定統計量

$$W = T_N(Z) = \sum_{i=1}^{N} i Z_i = \sum_{i=1}^{n_1} R_i$$

を提案した．これは (4.1) 式において $a_i = i$ とした統計量であり，ウィルコクソン順位和検定 (Wilcoxon rank sum test) として広く知られている．

片側検定 $H_1^{\ell+} : \Delta > 0$ ($H_1^{\ell-} : \Delta < 0$) の場合，この統計量 W が十分に大きければ (小さければ)，帰無仮説を棄却することができる．両側検定の場合は十分に大きい，もしくは小さければ帰無仮説を棄却できる．

フィッシャー–ピットマンの並べ替え検定 (Fisher–Pitman permutation test)

$$\mathrm{FPP} = \left| \sum_{i=1}^{n_1} X_{1i} - n_1 \frac{n_1 \bar{X}_1 + n_2 \bar{X}_2}{N} \right|$$

は，標本平均を用いているため外れ値の影響を受けやすいが，ウィルコクソン検定はデータの順位を用いるため外れ値の影響を受けにくい統計量である．

ここで，具体例を用いてウィルコクソン順位和検定を紹介する．

南方に生息する昆虫 X_1，および北方に生息する昆虫 X_2 の頭から尻尾までの長さを計測した．以下の表は，南方および北方に生息するの昆虫のデータである．

X_1	2.739	2.588	2.751	2.695	2.742	2.557	2.623
X_2	2.621	2.646	2.930	2.664	2.793	2.705	2.792

このデータを統合し，小さい方から大きさの順に並べて順位付けしたのが以下の表である．

Y	2.557	2.588	2.621	2.623	2.646	2.664	2.695
Z_i	1	1	0	1	0	0	1
R_i	1	2	3	4	5	6	7
Y	2.705	2.739	2.742	2.751	2.792	2.793	2.930
Z_i	0	1	1	1	0	0	0
R_i	8	9	10	11	12	13	14

したがって，ウィルコクソン統計量 W は

$$\begin{aligned}
W &= 1\times1 + 2\times1 + 3\times0 + 4\times1 + 5\times0 + 6\times0 + 7\times1 \\
&\quad + 8\times0 + 9\times1 + 10\times1 + 11\times1 + 12\times0 + 13\times0 + 14\times0 \\
&= 1 + 2 + 4 + 7 + 9 + 10 + 11 \\
&= 44
\end{aligned}$$

となる．仮説

$$\begin{aligned}
H_0 &: F_1(x) = F_2(x), \\
H_1^{\ell+} &: F_1(x) = F_2(x - \Delta), \quad \Delta > 0
\end{aligned}$$

を有意水準 5% で検定する場合，ウィルコクソン順位和検定の棄却点は

$$\Pr(W \geq 66) \approx 0.0487$$

となることから，帰無仮説を棄却することはできない．

では，どのようにして棄却点を導出するのだろうか？標本サイズが小さい場合でウィルコクソン順位和検定の帰無分布について考える．(4.5) 式より，

$$\Pr(W \leq k) = \sum_{x=x_0}^{k} \frac{t(x; n_1, N)}{\binom{N}{n_1}},$$

ただし

$$x_0 = \frac{n_1(n_1+1)}{2} \leq k \leq \frac{n_1(N+1)}{2}$$

である．例えば $n_1 = n_2 = 3$ のとき，

4.5 位置母数の検定

x	順位の組合せ	$t(x; 3, 6)$
6	$\{1,2,3\}$	1
7	$\{1,2,4\}$	1
8	$\{1,2,5\}, \{1,3,4\}$	2
9	$\{1,2,6\}, \{1,3,5\}, \{2,3,4\}$	3
10	$\{1,3,6\}, \{1,4,5\}, \{2,3,5\}$	3
11	$\{1,4,6\}, \{2,3,6\}, \{2,4,5\}$	3
12	$\{1,5,6\}, \{2,4,6\}, \{3,4,5\}$	3
13	$\{2,5,6\}, \{3,4,6\}$	2
14	$\{3,5,6\}$	1
15	$\{4,5,6\}$	1

である.したがって,$k=9$ の場合,

$$\Pr(W \leq 9) = \frac{7}{20},$$

もしくは,

$$\Pr(W \geq 10) = \frac{13}{20}$$

となる.このように,すべての組合せを求めることにより,ウィルコクソン順位和検定の帰無分布を導出することができる.

しかしながら,n_1, n_2 が大きくなるにつれて確率計算は困難となる.そこで,次の帰納式を用いることで確率計算が行いやすくなる.$r_{n_1, n_2}(k)$ を確率変数 $n_1 X_1$ と $n_2 X_2$ について,X_1 の順位和が k となるような個数を表すものとすると,

$$r_{n_1, n_2} = r_{n_1-1, n_2}(k-N) + r_{n_1, n_2-1}(k)$$

より

$$f_W(k) = p_{n_1, n_2}(k) = \binom{N}{n_2}^{-1} \{r_{n_1, n_2-1}(k-N) + r_{n_1-1, n_2}(k)\}$$

が導出される.この式を用いることで,ウィルコクソン順位和検定の確率計算を行うことが可能となる.しかしながら,n_1, n_2 が大きくなると帰納式を用いても帰無分布を導出することは困難である.詳しい証明は省略するが,ウィルコクソン順位和検定はチェルノフ–サーベッジの漸近正規性を満たすことから,標本サイズが大きい場合,ウィルコクソン順位和検定の期待値および分散を用

いることで，W に対して正規近似することができる．

帰無仮説の下でのウィルコクソン順位和検定の期待値および分散は，同順位がない場合，(4.3) 式および (4.4) 式より

$$\mathrm{E}[W] = \frac{n_1(N+1)}{2}, \quad \mathrm{V}[W] = \frac{n_1 n_2(N+1)}{12}$$

となる．

ウィルコクソン順位和検定は

$$a_i + a_{N+1-i} = i + (N+1-i) = N+1$$

となることから，対称性の性質 1) を満たす．したがって，帰無仮説 H_0 の下で平均について対称となる．よって，ウィルコクソン統計量として

$$W^* = W - \mathrm{E}(W)$$

を用いることが多くある．平均について対称となることから，ウィルコクソン順位和検定の棄却点の表が半分で済むことになる．

同順位がある場合は中間順位を用いる必要があるが，その場合，ウィルコクソン順位和検定の確率分布表を利用することはできない．そこで，並べ替え検定を適用するか，次の正規近似を利用する必要がある．

$$\Pr(\mathrm{WT} \geq wt) = 1 - \Phi\left(\frac{wt - n_1(N+1)/2}{\sqrt{\mathrm{V}(\mathrm{WT})}}\right),$$

ただし，

$$\mathrm{V}(\mathrm{WT}) = \frac{n_1 n_2 (N+1)}{12} - \frac{n_1 n_2}{12N(N-1)} \sum_{j=1}^{k} t_i(t_i^2 - 1)$$

であり，k は同順位を与える集合の個数，t_i は i 番目の集合における同順位の個数を表す．また，前述した並べ替え検定を適用する場合，連続性の仮定を外すことが可能となる．

ここで，ウィルコクソン順位和検定の漸近検出力を求める．ウィルコクソン順位和検定のスコア関数は $J(x) = x$ で与えられる．したがって，帰無仮説の下で

$$J'(x) = 1, \quad \sigma_N^2 = \int_0^1 x^2 dx - \left(\int_0^1 x dx\right)^2 = \frac{1}{12}$$

となることから，ウィルコクソン順位和検定の漸近検出力は

$$\mathrm{APW} = \Phi\left(\Delta\sqrt{\frac{12n_1n_2}{N}}\int_{-\infty}^{\infty} f_1^2(x)dx - z_\alpha\right)$$

によって与えられる．また，詳しくは第6章で記述するが，t 検定に対するウィルコクソン順位和検定の漸近相対効率は，正規分布において $3/\pi = 0.955$ となる．

ウィルコクソン順位和検定の漸近検出力は APW で求めることができるが，どのような分布に対してウィルコクソン順位和検定が最も効力を発揮する検定統計量となるか考えてみる．

ロジスティック分布の分布関数 $F(x)$ および確率密度関数 $f(x)$ は

$$F(x) = \frac{1}{1+e^{-x}}, \quad f(x) = \frac{e^{-x}}{(1+e^{-x})^2}$$

である．また，確率密度関数の1回微分と分布関数の逆関数は，それぞれ

$$f'(x) = \frac{e^x(1-e^x)}{(1+e^x)^3}, \quad F^{-1}(x) = -\log\left(-1+\frac{1}{x}\right)$$

によって与えられる．したがって，スコア関数 $\psi_L(U_{(i)}, f)$ は

$$\psi_L(U_{(i)}, f) = 2U_{(i)} - 1$$

となる．よって

$$\sum_{i=1}^{N} a_N(U_{(i)}, f)Z_i = \sum_{i=1}^{N} \mathrm{E}\{\psi_L(U_{(i)}, f)\}Z_i = \sum_{i=1}^{N} \left\{2\left(\frac{i}{N+1}\right) - 1\right\}Z_i$$

$$= \frac{2}{N+1}\left\{\sum_{i=1}^{n_1} R_i - \frac{n_1(N+1)}{2}\right\}$$

となる．これは，ウィルコクソン順位和検定となる統計量に他ならない．したがって，分布関数にロジスティック分布が仮定されたとき，ウィルコクソン検定は H_1^ℓ に対して最も効力を発揮する順位検定となる．

4.5.2　マン-ホイットニーの U 検定

確率標本 $X_1 = (X_{11}, X_{12}, \ldots, X_{1n_1})$ が $X_2 = (X_{21}, X_{22}, \ldots, X_{2n_2})$ より大きくなる個数を，指示関数

$$U(i,j) = \begin{cases} 0 & (X_{1i} < X_{2j}) \\ 1 & (X_{1i} \geq X_{2j}) \end{cases}$$

を用いて定義する.このとき,検定統計量 MW

$$\mathrm{MW} = \sum_{i=1}^{n_1} \sum_{j=1}^{n_2} U(i,j)$$

が Mann and Whitney (1947) によって提案されており,マン–ホイットニーの U 検定 (Mann–Whitney U-test) として広く知られている.

また,確率標本 X_1 の順位 R_i は

$$R_i = \sum_{j=1}^{n_2} U(i,j) + i$$

と表すことができる.ただし,一般性を失うことなく $X_{11} < X_{12} < \cdots < X_{1n_1}$ が仮定されるものとする.したがって,ウィルコクソン順位和検定は

$$\begin{aligned} \mathrm{W} &= \sum_{i=1}^{N} i Z_i \\ &= \sum_{i=1}^{n_1} R_i \\ &= \sum_{i=1}^{n_1} \sum_{j=1}^{n_2} U(i,j) + \frac{n_1(n_1+1)}{2} \end{aligned}$$

となることから,本質的にマン–ホイットニーの U 検定と等しいことが分かる.

ここで,対立仮説を

$$H_1 : F_2(x) \leq F_1(x)$$

とする.このとき,X_1 が X_2 より大きくなる確率は

$$\begin{aligned} p &= \Pr(X_2 < X_1) \\ &= \int_{-\infty}^{\infty} \int_{-\infty}^{x} f_2(y) f_1(x) dy dx \\ &= \int_{-\infty}^{\infty} F_2(x) f_1(x) dx \end{aligned}$$

となる.

4.5 位置母数の検定

$U(i,j)$ は $n_1 n_2$ 個の 2 項分布に従う確率変数なので,

$$\mathrm{E}[U(i,j)] = \mathrm{E}[U(i,j)^2] = p, \quad \mathrm{V}[U(i,j)] = p(1-p)$$

となる．また,

$$\begin{aligned}
p_1 &= \Pr(X_{2j} < X_{1i} \cap X_{2k} < X_{1i}) \\
&= \Pr(X_{2j} \text{ かつ } X_{2k} < X_{1i}) \\
&= \int_{-\infty}^{\infty} [F_2(x)]^2 f_1(x) dx, \\
p_2 &= \Pr(X_{2j} < X_{1i} \cap X_{2j} < X_{1h}) \\
&= \Pr(X_{2j} < X_{1i} \text{ かつ } X_{1h}) \\
&= \int_{-\infty}^{\infty} [1 - F_1(x)]^2 f_2(x) dx
\end{aligned}$$

より,

$$\begin{aligned}
\mathrm{cov}[U(i,j), U(h,k)] &= 0 \quad (i \neq h,\ j \neq k), \\
\mathrm{cov}[U(i,j), U(i,k)] &= p_1 - p^2 \quad (j \neq k), \\
\mathrm{cov}[U(i,j), U(h,j)] &= p_2 - p^2 \quad (i \neq h)
\end{aligned}$$

を得る．

これらの性質を用いることで

$\mathrm{E}(MW) = n_1 n_2 p,$
$\mathrm{V}(MW) = n_1 n_2 p(1-p) + n_1 n_2 (n_2 - 1)(p_1 - p^2) + n_1 n_2 (n_1 - 1)(p_2 - p^2)$

が導かれる．帰無仮説，すなわち，すべての x に対して $H_0 : F_1(x) = F_2(x)$ が成り立つとき,

$$p = \int_{-\infty}^{\infty} F_2(x) f_1(x) dx = \frac{1}{2}$$

となる．よって，マン-ホイットニーの U 検定の平均と分散は

$$\mathrm{E}(MW) = \frac{n_1 n_2}{2}, \quad \mathrm{V}(MW) = \frac{n_1 n_2 (N+1)}{12}$$

によって与えられる．

4.5.3 メディアン検定

2つの確率分布の中央値が等しいか検定する統計量として, Mood (1950) は

$$\mathrm{MD} = \sum_{i=1}^{n_1} \frac{1}{2}\left\{\mathrm{sgn}\left(R_i - \frac{1}{2}(N+1)\right) + 1\right\}$$

を提案した. ただし,

$$\mathrm{sgn}(x) = \begin{cases} -1 & (x < 0) \\ 0 & (x = 0) \\ 1 & (x > 0) \end{cases}$$

である. この検定統計量は, メディアン検定 (Mood median test) として広く知られている. また, メディアン検定の平均と分散は

$$\mathrm{E}(\mathrm{MD}) = \frac{n_1}{2}, \quad \mathrm{V}(\mathrm{MD}) = \begin{cases} \dfrac{n_1 n_2}{4(N-1)} & (N \text{ が偶数のとき}) \\ \dfrac{n_1 n_2}{4N} & (N \text{ が奇数のとき}) \end{cases}$$

となる. よって, 標本サイズが大きい場合, 上記の平均および分散を用いることで, メディアン検定に対して正規近似することができる. また, 詳しくは第6章で記述するが, t 検定に対するメディアン検定の漸近相対効率は, 正規分布において $2/\pi = 0.637$ となる.

ここで, メディアン検定の漸近検出力について考える. メディアン検定のスコア関数は

$$J(x) = \begin{cases} 1 & (\frac{1}{2} < x < 1) \\ -1 & (0 < x < \frac{1}{2}) \end{cases}$$

で与えられることから, 帰無仮説の下で

$$\sigma_N^2 = \int_0^1 J^2(x)dx - \left(\int_0^1 J(x)dx\right)^2 = 1$$

となる. ただし, $x = \frac{1}{2}$ のとき, $J(x) = 0$ と定義する. ここで,

4.5 位置母数の検定

$$\lim_{N \to \infty} \sqrt{N}\{E(MD) - \mu_N\}$$
$$= \sqrt{N}\int_{-\infty}^{\infty}\{J[F_1(x)] - J[\lambda_N F_1(x+\Delta) + (1-\lambda_N)F_1(x)]\}f_1(x)dx$$
$$= -2\sqrt{N}\Delta\lambda f_1(0)$$

となることから，メディアン検定の漸近検出力は

$$\text{APMD} = \Phi\left(2\Delta\sqrt{\frac{n_1 n_2}{N}}f_1(0) - z_\alpha\right)$$

によって与えられる．

メディアン検定の漸近検出力は APMD によって求めることができるが，どのような分布に対してメディアン検定が最も効力を発揮する検定統計量となるか考えてみる．

両側指数分布の分布関数 $F(x)$ および確率密度関数 $f(x)$ は

$$F(x) = \begin{cases} \frac{1}{2}e^x & (x < 0) \\ 1 - \frac{1}{2}e^{-x} & (x \geq 0) \end{cases}, \quad f(x) = \frac{1}{2}e^{-|x|}$$

である．また，確率密度関数の 1 回微分と分布関数の逆関数は，それぞれ

$$f'(x) = \begin{cases} \frac{1}{2}e^x & (x < 0) \\ -\frac{1}{2}e^{-x} & (x > 0) \end{cases},$$

$$F^{-1}(x) = \begin{cases} \log(2x) & (F^{-1}(x) \leq 0) \\ -\log(2(1-x)) & (F^{-1}(x) > 0) \end{cases}$$

によって与えられる．したがって，スコア関数 $\psi_L(U_{(i)}, f)$ は

$$\psi_L(U_{(i)}, f) = \text{sgn}(2U_{(i)} - 1)$$

となる．よって

$$\sum_{i=1}^{N} a_N(U_{(i)}, f)Z_i = \sum_{i=1}^{N} E\{\psi_L(U_{(i)}, f)\}Z_i = \sum_{i=1}^{n_1} \text{sgn}\left\{2\frac{R_i}{N+1} - 1\right\}$$
$$= \frac{2}{N+1}\sum_{i=1}^{n_1}\text{sgn}\left\{R_i - \frac{N+1}{2}\right\}$$

となる．これは，メディアン検定となる統計量に他ならない．したがって，分布関数に両側指数分布が仮定されたとき，メディアン検定は H_1^ℓ に対して最も効力を発揮する順位検定となる．

例題 薬品 X_1 および薬品 X_2 に含まれるある成分の重さを計測した結果が次の表で与えられている.

X_1	0.0279	0.0464	0.0703	0.0724	
X_2	0.0021	0.0073	0.0552	0.0576	0.0580

薬品 X_1 と薬品 X_2 の平均に違いがあるか調べたい. このデータについてメディアン検定を用いて 5% 検定を行う.

上記のデータにおいて, 小さい方から大きさの順に並べて順位付けしたのが以下の表である.

	0.0279	0.0464	0.0703	0.0724
R_i	3	4	9	10
sgn	−	−	+	+

よって, MD $= 2$ となる. したがって, $\Pr(\mathrm{MD} \geq 2) \approx 1.667$ より帰無仮説を棄却することはできない.

4.5.4 正規スコア検定

2 つの確率分布の位置 (平均, 中央値) が等しいか検定する統計量として, van der Waerden (1952, 1953) は

$$\mathrm{NS} = T_N(Z) = \sum_{i=1}^{N} \Phi^{-1}\left(\frac{i}{N+1}\right) Z_i$$

を提案した. ただし, $\Phi(x)$ は標準正規分布の分布関数である. この検定統計量は, スコア関数に正規分布の逆関数を用いた方法で, **正規スコア検定 (normal score test)** として広く知られている. また, 帰無仮説の下での正規スコア検定の期待値および分散は, 同順位がない場合, (4.3) 式および (4.4) 式より

$$\mathrm{E(NS)} = 0, \quad \mathrm{V(NS)} = \frac{n_1 n_2}{N(N-1)} \sum_{i=1}^{N} \left[\Phi^{-1}\left(\frac{i}{N+1}\right)\right]^2$$

となる.

詳しい証明は省略するが, 正規スコア検定はチェルノフ−サーベッジの漸近正規性を満たすことから, 標本サイズが大きい場合, 正規スコア検定の期待値およ

4.5 位置母数の検定

び分散を用いることで，正規スコア検定に対して正規近似することができ，第6章で記述するが，t 検定に対する正規スコア検定の漸近効率は，正規分布において 1 となる．また，

$$\Phi^{-1}(x) + \Phi^{-1}(1-x) = 0$$

となることから，正規スコア検定の分布は帰無仮説の下で原点に対して対称であることが分かる．

実は，Fisher and Yates (1938) によって検定統計量

$$\mathrm{FY} = T_N(Z) = \sum_{i=1}^{n_1} \mathrm{E}[\Phi^{-1}(U_{(i)})]$$

が提案されており，$N = n_1 + n_2$ が大きいとき，

$$\mathrm{E}\left[\Phi^{-1}(U_{(i)})\right] \approx \Phi^{-1}\left(\mathrm{E}[U_{(i)}]\right)$$

と近似できる．実際に，検定統計量 FY と NS が与える結果はほとんど違わないことが知られている．また，正規スコア検定については，Terry (1952) や Klotz (1964) などでも様々な議論がなされている．

では，どのような分布に対して正規スコア検定が最も効力を発揮する検定統計量となるか考えてみる．標準正規分布の分布関数および確率密度関数をそれぞれ $F(x), f(x)$ とする．また，確率密度関数の 1 回微分と分布関数の逆関数は，それぞれ

$$f'(x) = xf(x), \quad F^{-1}(x) = \Phi^{-1}(x)$$

によって与えられる．

確率変数 V が $F(x)$ に従うとき，$U = F^{-1}(V)$ は一様分布 $U(0,1)$ に従う．よって，$V_{(i)} = F^{-1}(U_{(i)})$ となる．ただし，$U_{(i)}$ は区間 $(0,1)$ 上の一様分布の順序統計量である．したがって，スコア関数 $\psi_L(U_{(i)}, f)$ は

$$\psi_L(U_{(i)}, f) = F^{-1}(U_{(i)})$$

となる．よって

$$\sum_{i=1}^{N} a_N(U_{(i)}, f)Z_i = \sum_{i=1}^{N} \mathrm{E}\{\psi_L(U_{(i)}, f)\}Z_i = \sum_{i=1}^{N} \left\{F^{-1}\left(\frac{i}{N+1}\right)\right\} Z_i$$

が導かれる．これは，正規スコア検定を与える統計量に他ならない．したがって，分布関数に正規分布が仮定されたとき，正規スコア検定は H_1^ℓ に対して最も効力を発揮する順位検定となる．

例題 De Jonge (1983) によって2種類の治療法によるデータ X_1, X_2 が与えられた．下記のデータに対して平均に違いがあるか，正規スコア検定を用いて有意水準 5% で検定を行う．

X_1	1	13	16	15	7
X_2	5	21	14	9	3

上記の表より，

i	1	2	3	4	5
$\Phi^{-1}(i/11)$	-1.335	-0.908	-0.605	-0.349	-0.114
i	6	7	8	9	10
$\Phi^{-1}(i/11)$	0.114	0.349	0.605	0.908	1.335

を得る．したがって，

$$\begin{aligned} \mathrm{NS} &= \Phi^{-1}(1/11) + \Phi^{-1}(4/11) + \Phi^{-1}(6/11) + \Phi^{-1}(8/11) + \Phi^{-1}(9/11) \\ &= -0.057, \end{aligned}$$

また，$V(\mathrm{NS}) = 1.7268$ となることから，

$$\frac{\mathrm{NS}}{\sqrt{V(\mathrm{NS})}} \approx -0.0434$$

となるので，帰無仮説を棄却することはできない．

4.6　尺度母数の検定

本節では，尺度母数に対する検定問題について考える．$X_1 = (X_{11}, X_{12}, \ldots, X_{1n_1})$ を分布関数 $F_1(x)$ を持つ母集団からの確率標本，$X_2 = (X_{21}, X_{22}, \ldots, X_{2n_2})$ を分布関数 $F_2(x)$ を持つ母集団からの確率標本とする．このとき，帰無仮説

$$H_0 : F_1(x) = F_2(x)$$

に対して，両側対立仮説は

$$H_1^{\mathrm{a}} : F_1(x) \neq F_2(\Delta x)$$

となる．ただし，$\Delta \neq 1, \Delta > 0$ である．

同順位がない N 個の順位付けされた確率標本において，平均順位は $(N+1)/2$ となる．確率標本 X_1 から得られるデータが，確率標本 X_2 から得られるデータに比べて散らばっていると，確率標本 X_2 の順位は中心付近の順位となる．

尺度母数の違いを検定するために，X_1 と X_2 の中央値が既知であるか，もしくは未知であっても等しいことが仮定される必要がある．中央値が未知であり，等しいことが言えない場合，その確率標本の推定値を利用して中央値を合わせる必要がある．この場合，ノンパラメトリック検定ではないという意見もあるが，本書はノンパラメトリック法の基本を学ぶことを目的としているため，深くは追究しないこととする．

4.6.1 ムード検定

2 つの確率分布の分散が等しいか検定する統計量として，Mood (1954) は

$$\mathrm{MO} = T_N(Z) = \sum_{i=1}^{N} \left(i - \frac{N+1}{2}\right)^2 Z_i = \sum_{i=1}^{n_1} \left(R_i - \frac{N+1}{2}\right)^2$$

を提案した．この検定統計量は，ムード検定 (Mood test) として広く知られている．また，ムード検定の平均と分散は，同順位がない場合，(4.3) 式および (4.4) 式より

$$\mathrm{E(MO)} = \frac{n_1(N^2-1)}{12}, \quad \mathrm{V(MO)} = \frac{n_1 n_2 (N+1)(N^2-4)}{180}$$

となる．

詳しい証明は省略するが，ムード検定はチェルノフ–サーベッジの漸近正規性を満たすことから，標本サイズが大きい場合，ムード検定の平均および分散を用いることで，ムード検定に対して正規近似することができる．また，詳しくは第 6 章で記述するが，F 検定に対するムード検定の漸近相対効率は，正規分布において $15/2\pi^2 = 0.76$ となる．

では，どのような分布に対してムード検定が最も効力を発揮する検定統計量

となるか考えてみる．

自由度 2 の t 分布の分布関数 $F(x)$ および確率密度関数 $f(x)$ は

$$F(x) = \frac{1}{2}\left(1 + \frac{x}{\sqrt{2+x^2}}\right), \quad f(x) = \frac{1}{(x+x^2)^{3/2}}$$

である．また，確率密度関数の 1 回微分と分布関数の逆関数は，それぞれ

$$f'(x) = -\frac{3x}{(2+x^2)^{5/2}}, \quad F^{-1}(x) = \sqrt{\frac{-4x^2+4x-1}{2(x^2-x)}}$$

によって与えられる．

したがって，スコア関数 $\psi_S(U_{(i)}, f)$ は

$$\psi_S(U_{(i)}, f) = 12U_{(i)}^2 - 12U_{(i)} + 4 = 12\left(U_{(i)}^2 - U_{(i)} + \frac{1}{3}\right)$$

となる．よって

$$\sum_{i=1}^{N} a_N(U_{(i)}, f)Z_i = \sum_{i=1}^{N} \mathrm{E}\{\psi_S(U_{(i)}, f)\}Z_i$$

$$= \frac{12}{(N+1)(N+2)}\sum_{i=1}^{N}\left\{i(i-N-1) + \frac{(N+1)(N+2)}{3}\right\}Z_i$$

$$= \frac{12}{(N+1)(N+2)}\sum_{i=1}^{N}\left\{\left(i - \frac{N+1}{2}\right)^2 + \frac{N+1}{12}\right\}Z_i$$

となる．これは，ムード検定となる統計量に他ならない．したがって，分布関数に自由度 2 の t 分布が仮定されたとき，ムード検定は対立仮説 H_1^s に対して最も効力を発揮する順位検定となる．

例題 Higgins (2004) によって，2 種類の容器に入っている液体量 X_1, X_2 のデータが与えられている．

X_1	16.55	15.36	15.94	16.43	16.01
X_2	16.05	15.98	16.10	15.88	15.91

X_1 と X_2 の分散が等しいか調べたい．このデータについて，ムード検定を用いて，有意水準 5% 検定を行う．

上記の表より

データ	15.36	15.88	15.91	15.94	15.98
順位	1	2	3	4	5
Z_i	1	0	0	1	0
データ	16.01	16.05	16.10	16.43	16.55
順位	6	7	8	9	10
Z_i	1	0	0	1	1

を得る. したがって,

$$\mathrm{MO} = \left(1 - \frac{11}{2}\right)^2 + \left(4 - \frac{11}{2}\right)^2 + \left(6 - \frac{11}{2}\right)^2 + \left(9 - \frac{11}{2}\right)^2 + \left(10 - \frac{11}{2}\right)^2$$
$$= 55.25$$

となる.

よって, $\Pr(\mathrm{MO} \geq 55.25) \approx 0.151$ となるので, 帰無仮説を棄却することはできない.

4.6.2 アンサリー–ブラッドレー検定

2つの確率分布の分散が等しいか検定する統計量として, Ansari and Bradley (1960) は

$$T_N(Z) = \sum_{i=1}^{N}\left|i - \frac{N+1}{2}\right|Z_i = \sum_{i=1}^{n_1}\left|R_i - \frac{N+1}{2}\right|$$

を提案した. この検定統計量は, アンサリー–ブラッドレー検定 (Ansari–Bradley test) として知られている. アンサリー–ブラッドレー検定は, Freund and Ansari (1957), David and Barton (1958) らが様々な形式で提案しているが, 本質的には同じであるので, 本書では

$$\mathrm{AB} = \frac{n_1(N+1)}{2} - T_N(Z)$$
$$= \sum_{i=1}^{[(N+1)/2]} iZ_i + \sum_{i=[(N+1)/2]+1}^{N}(N-i+1)Z_i$$

をアンサリー–ブラッドレー検定として用いることとする．ただし，$[x]$ は x を超えない最大の整数を表す．また，アンサリー–ブラッドレー検定の期待値と分散は，同順位がない場合，(4.3) 式および (4.4) 式より

$$E(AB) = \begin{cases} \dfrac{n_1(N+2)}{4} & (N \text{ が偶数}) \\ \dfrac{n_1(N+1)^2}{4N} & (N \text{ が奇数}) \end{cases},$$

$$V(AB) = \begin{cases} \dfrac{n_1 n_2(N^2-4)}{48(N-1)} & (N \text{ が偶数}) \\ \dfrac{n_1 n_2(N+1)(N^2+3)}{48N^2} & (N \text{ が奇数}) \end{cases}$$

となる．

詳しい証明は省略するが，アンサリー–ブラッドレー検定はチェルノフ–サーベッジの漸近正規性を満たすことから，標本サイズが大きい場合，アンサリー–ブラッドレー検定の平均および分散を用いることで，アンサリー–ブラッドレー検定に対して正規近似することができる．また，詳しくは第 6 章で記述するが，F 検定に対するアンサリー–ブラッドレー検定の漸近相対効率は，正規分布において $6/\pi^2 = 0.608$ となる．

では，どのような分布に対してアンサリー–ブラッドレー検定が最も効力を発揮する検定統計量となるか考えてみる．

分布関数 $F(x)$ および確率密度関数 $f(x)$ を

$$F(x) = \begin{cases} \dfrac{1}{2(1-x)} & (x < 0) \\ \dfrac{x}{2(1+x)} & (x \geq 0) \end{cases}, \quad f(x) = \dfrac{1}{2(1+|x|)^2}$$

とする．このとき，確率密度関数の 1 回微分と分布関数の逆関数は，それぞれ

$$f'(x) = \begin{cases} \dfrac{1}{(1-x)^3} & (x < 0) \\ -\dfrac{1}{(1+x)^3} & (x \geq 0) \end{cases}, \quad F^{-1}(x) = \begin{cases} 1 - \dfrac{1}{2x} & (F^{-1}(x) < 0) \\ \dfrac{2x}{1-2x} & (F^{-1}(x) \geq 0) \end{cases}$$

によって与えられる．

したがって，スコア関数 $\psi_S(U_{(i)}, f)$ は

$$\psi_S(U_{(i)}, f) = 2|2U_{(i)} - 1|$$

となる．よって

$$\sum_{i=1}^{N} a_N(U_{(i)}, f) Z_i = \sum_{i=1}^{N} \mathrm{E}\{\psi_s(U_{(i)}, f)\} Z_i$$

$$= \frac{4}{N+1} \sum_{i=1}^{N} \left| i - \frac{N+1}{2} \right| Z_i$$

となる．これは，アンサリー–ブラッドレー検定を与える統計量に他ならない．このような分布関数が仮定されたとき，アンサリー–ブラッドレー検定は対立仮説 H_1^s に対して最も効力を発揮する順位検定となる．

また，アンサリー–ブラッドレー検定には

$$r_{n_1,n_2}(k) = r_{n_1,n_2-1}\left(k - \frac{N+1}{2}\right) + r_{n_1-1,n_2}(k) \quad (N \text{ が奇数}),$$

$$r_{n_1,n_2}(k) = r_{n_1,n_2-1}\left(k - \frac{N}{2}\right) + r_{n_1-1,n_2}(k) \quad (N \text{ が偶数})$$

の関係がある．これらをまとめると

$$r_{n_1,n_2}(k) = r_{n_1,n_2-1}(k-x) + r_{n_1-1,n_2}(k), \quad x = \left[\frac{N+1}{2}\right]$$

となる．したがって，

$$p_{n_1,n_2}(k) = \binom{N}{n_1}^{-1} r_{n_1,n_2}(k),$$

$$Np_{n_1,n_2}(k) = n_1 p_{n_1,n_2-1}(k-x) + n_2 p_{n_1-1,n_2}(k)$$

となることから，それぞれマン–ホイットニー検定およびウィルコクソン検定と同じ形式となる．

例題 Higgins (2004) によって，2 種類の容器に入っている液体量 X_1, X_2 のデータが与えられている．

X_1	16.55	15.36	15.94	16.43	16.01
X_2	16.05	15.98	16.10	15.88	15.91

X_1 と X_2 の分散が等しいか調べたい．このデータについて，アンサリー–ブ

ラッドレー検定を用いて, 有意水準 5% 検定を行う.

ムード検定で扱った例題の表より,

$$T_N(Z) = \left|1 - \frac{11}{2}\right| + \left|4 - \frac{11}{2}\right| + \left|6 - \frac{11}{2}\right| + \left|9 - \frac{11}{2}\right| + \left|10 - \frac{11}{2}\right|$$
$$= 14.5$$

となる. したがって,

$$\text{AB} = \frac{5 \times 11}{2} - 14.5 = 13$$

を得る.

$\Pr(\text{AB} \geq 13) \approx 0.849$ となるので, 帰無仮説を棄却することはできない.

4.6.3 シーゲル-テューキー検定

2 つの確率分布の分散が等しいか検定する統計量として, Siegel and Tukey (1960) は

$$\text{ST} = T_N(Z) = \sum_{i=1}^{N} S_i Z_i$$

を提案した. ただし,

$$S_i = \begin{cases} 2i & (i \text{ が偶数で } 1 < i \leq N/2 \text{ のとき}) \\ 2i - 1 & (i \text{ が奇数で } 1 < i \leq N/2 \text{ のとき}) \\ 2(N - i) + 2 & (i \text{ が偶数で } N/2 < i \leq N \text{ のとき}) \\ 2(N - i) + 1 & (i \text{ が奇数で } N/2 < i \leq N \text{ のとき}) \end{cases}$$

である. また, シーゲル-テューキー検定の確率関数は, ウィルコクソン順位和検定と等しいので, 期待値と分散は, 同順位がない場合, (4.3) 式および (4.4) 式より

$$\text{E}(\text{ST}) = \frac{n_2(N + 1)}{2}, \quad \text{V}(\text{ST}) = \frac{n_1 n_2(N + 1)}{12}$$

となる. 詳しい証明は省略するが, シーゲル-テューキー検定はチェルノフ-サーベッジの漸近正規性を満たすことから, 標本サイズが大きい場合, シーゲル-テューキー検定の期待値および分散を用いることで, シーゲル-テューキー検定

4.6 尺度母数の検定

に対して正規近似することができる.

また, N が偶数のとき, スコア関数 S_i を $2(N+1)$ で割ると

$$\frac{1}{2(N+1)}S_i = \begin{cases} \dfrac{i}{N+1} & (i \text{ が偶数で } 1 < i \leq N/2 \text{ のとき}) \\ 1 - \dfrac{i}{N+1} & (i \text{ が偶数で } N/2 < i \leq N \text{ のとき}) \end{cases}$$

となる. また, N が奇数のときは $S_{(N/2)+1}$ として考えればよい. したがって, シーゲル–テューキー検定の漸近効率は, アンサリー–ブラッドレー検定と等しいことが分かる.

例題 Higgins (2004) によって, 2種類の容器に入っている液体量 X_1, X_2 のデータが与えられている.

X_1	16.55	15.36	15.94	16.43	16.01
X_2	16.05	15.98	16.10	15.88	15.91

X_1 と X_2 の分散が等しいか調べたい. このデータについて, シーゲル–テューキー検定を用いて, 有意水準 5% 検定を行う. 上記の表より,

データ	15.36	15.88	15.91	15.94	15.98
S_i	1	4	5	8	9
Z_i	1	0	0	1	0
データ	16.01	16.05	16.10	16.43	16.55
S_i	10	7	6	3	2
Z_i	1	0	0	1	1

を得る. したがって,

$$\text{ST} = 1 + 8 + 10 + 3 + 2 = 24$$

が導かれる. 前述したように, シーゲル–テューキー検定の分布はウィルコクソン順位和検定と同じ分布なので $\Pr(\text{ST} \geq 24) \approx 0.790$ となる. したがって, 帰無仮説を棄却することはできない.

4.6.4 正規スコア検定

2つの確率分布の分散が等しいか検定する統計量として, Klotz (1962) は

$$\mathrm{KNS} = T_N(Z) = \sum_{i=1}^{N} \left[\Phi^{-1}\left(\frac{i}{N+1}\right) \right]^2 Z_i$$

を提案した．ただし，$\Phi(x)$ は標準正規分布の分布関数である．また，正規スコア検定の期待値と分散は，同順位がない場合，(4.3) 式および (4.4) 式より

$$\mathrm{E(KNS)} = \frac{n_1}{N} \sum_{i=1}^{N} \left[\Phi^{-1}\left(\frac{i}{N+1}\right) \right]^2,$$

$$\mathrm{V(KNS)} = \frac{n_1 n_2}{N(N-1)} \sum_{i=1}^{N} \left[\Phi^{-1}\left(\frac{i}{N+1}\right) \right]^4 - \frac{n_1}{n_2(N-1)} \{\mathrm{E(KNS)}\}^2$$

となる．詳しい証明は省略するが，正規スコア検定はチェルノフ–サーベッジの漸近正規性を満たすことから，標本サイズが大きい場合，正規スコア検定の平均および分散を用いることで正規近似することができる．

例題 Baumgartner *et al.* (1998) によって強心薬 X_1 と遺伝子組換えによる薬 X_2 のデータが与えられている．

X_1	0.0166	0.0247	0.0295	0.0588	0.0642
X_2	0.0178	0.0182	0.0202	0.0393	0.0906

薬 X_1 と X_2 の分散に違いがあるか調べたい．このデータについて，正規スコア検定を用いて，有意水準 5% 検定を行う．上記の表より，

i	1	2	3	4	5
$\{\Phi^{-1}(i/11)\}^2$	1.783	0.825	0.366	0.122	0.013
Z_i	1	0	0	0	1
i	6	7	8	9	10
$\{\Phi^{-1}(i/11)\}^2$	0.013	0.122	0.366	0.825	1.783
Z_i	1	0	1	1	0

となる．したがって，KNS = 2.9996 を得る．したがって，

$$\Pr\left(\frac{\mathrm{KNS} - \mathrm{E(KNS)}}{\sqrt{\mathrm{V(KNS)}}} \geq \frac{2.9996 - 1.4998}{0.3308} = 1.618 \right) \approx 0.0528$$

となるので，帰無仮説を棄却することはできない．

また，漸近的に同等な検定統計量

$$\sum_{i=1}^{N} \mathrm{E}[\xi_{(i)}^2] Z_i$$

が Capon (1961) によって提案されている. ただし, $\xi_{(i)}$ は標準正規分布からの i 番目の順序統計量である. この検定統計量は, Terry (1952) によって提案された統計量を尺度母数に対する検定統計量に拡張したものである.

F 検定に対する正規スコア検定の漸近相対効率は, 正規分布において 1 となる. しかしながら, 位置母数に対する正規スコア検定のように, t 検定に対する漸近相対効率が常に 1 より大きいという性質は, 尺度母数に対する正規スコア検定の場合には得られない. 逆に, 漸近相対効率が 0 になる分布も存在する.

4.7 分布の同等性検定

前節までは, 分布の散らばりが等しいという条件の下, その位置に違いがあるかどうか, もしくは分布の位置が等しいという条件の下で分散に違いがあるかどうかを検定するために有効な検定統計量について述べてきた. しかしながら, 母集団分布について前提となる知識がない場合には, どのような検定が適切だろうか? 本節では, もっと広い意味で分布に何らかの違いがあるか検定する問題について考える.

$X_1 = (X_{11}, X_{12}, \ldots, X_{1n_1})$ を分布関数 $F_1(x)$ を持つ母集団からの確率標本, $X_2 = (X_{21}, X_{22}, \ldots, X_{2n_2})$ を分布関数 $F_2(x)$ を持つ母集団からの確率標本とする. 帰無仮説を

$$H_0 : F_1(x) = F_2(x)$$

とする.

少し狭い範囲での検定になってしまうが, 位置母数および尺度母数の違いを検定する場合, すなわち $X_2 = \frac{X_1 + \theta_1}{\theta_2}$ という変数変換が行えるとき, 両側検定の対立仮説は

$$H_1^{\ell s} : F_2(x) = P(X_2 \leq x) = P\left(\frac{X_1 + \theta_1}{\theta_2} \leq x\right) = P(X_1 \leq \theta_2 x - \theta_1)$$
$$= F_1(\theta_2 x - \theta_1) \tag{4.8}$$

となる. ただし, $\theta_1 \neq 0$, $\theta_2 > 0$, $\theta_2 \neq 1$ である.

確率分布に違いがあるか検定する場合, 両側検定の対立仮説は

$$H_1^{\mathrm{a}} : F_1(x) \neq F_2(x) \tag{4.9}$$

となる. また, 片側対立仮説は, "すべての x に対して"

$$H_1^{\mathrm{a}+} : F_1(x) \geq F_2(x),$$

もしくは

$$H_1^{\mathrm{a}-} : F_1(x) \leq F_2(x)$$

となる. 上記の片側対立仮説の場合, すべての x に対してとしたが, "ある x に対して" の場合, 対立仮説は

$$H_1^{\mathrm{a}+} : F_1(x) > F_2(x),$$

もしくは

$$H_1^{\mathrm{a}-} : F_1(x) < F_2(x)$$

となる.

以下の項で, 具体的な検定統計量を用いて分布の同等性検定について述べる.

4.7.1 レページ検定

前節までに, いくつかの検定統計量を紹介してきた. しかしながら, 位置母数を検定するのに有効な検定統計量は, 尺度母数の違いにはあまり有用ではない. また, 尺度母数を検定するのに有効な検定統計量は, 2 つの分布の中央値が等しいという仮定が必要であった. そのため, 前節までの検定統計量では, 対立仮説 $H_1^{\ell s}$ (4.8) について良い検定が行えない可能性がある. このような問題に対して Lepage (1971) は, 前述のウィルコクソン順位和検定およびアンサリー–ブラッドレー検定を用いた平方和検定

$$L = \left(\frac{W - E(W)}{\sqrt{V(W)}}\right)^2 + \left(\frac{AB - E(AB)}{\sqrt{V(AB)}}\right)^2$$

を提案した. これは レページ検定 (Lepage test) として知られている. また, 帰無仮説の下で,

4.7 分布の同等性検定

$$\begin{aligned}
\mathrm{E}(W \times AB) &= \frac{n_1^2(N+1)}{2N} \sum_{i=1}^{N} i - \frac{n_1}{N} \sum_{i=1}^{N} i \left| i - \frac{N+1}{2} \right| \\
&\quad - \frac{n_1(n_1-1)}{N(N-1)} \sum_{i \neq j} \sum i \left| j - \frac{N+1}{2} \right| \\
&= \begin{cases} \dfrac{1}{8} n_1^2 (N+1)(N+2) & (N \text{ が偶数}) \\ \dfrac{1}{8N} n_1^2 (N+1)^3 & (N \text{ が奇数}) \end{cases} \\
&= \mathrm{E}(W)\mathrm{E}(AB)
\end{aligned}$$

となることから,ウィルコクソン順位和検定とアンサリー–ブラッドレー検定は無相関になる.

ここで,より簡単に無相関となることを示すことができる別な方法を紹介する. 2 つの一般線形順位統計量は,(4.1) 式より

$$T_N(Z) = \sum_{i=1}^{N} a_i Z_i, \quad T_N^*(Z) = \sum_{i=1}^{N} b_i Z_i$$

と定義することができる. 2 つの線形順位統計量のスコア関数がそれぞれ

$$a_i + a_{N+1-i} = k, \quad k \text{ は定数}, \tag{4.10}$$

および

$$b_i = b_{N+1-i} \tag{4.11}$$

を満たすとき,線形順位統計量 $T_N(Z)$ および $T_N^*(Z)$ は,帰無仮説の下で無相関になることが Randles and Hogg (1971) によって示されている.

ウィルコクソン順位和検定とアンサリー–ブラッドレー検定は,それぞれ (4.10) 式と (4.11) 式を満たすことから無相関となる. また, 前述よりウィルコクソン順位和検定とアンサリー–ブラッドレー検定はチェルノフ–サーベッジの漸近正規性を満たすことから,レページ検定の極限分布は自由度 2 の χ^2 分布となる.

例題 Karpatkin *et al.* (1981) によって,母のステロイド療法による新生児の血小板数への影響を調べたデータが以下のように与えられている.

処理群	120	124	215	90	67	95
	190	180	135	399		
対照群	12	20	112	32	60	40

処理群と対照群に違いがあるか調べたい．このデータについて，レページ検定を用いて，有意水準 5% 検定を行う．

上記の表より，

$$L = 8.576 + 0.762 = 9.338$$

となることから，$\Pr(L \geq 9.338) \approx 0.0094$ を得る．したがって，帰無仮説を棄却する．

レページ検定が提案されて以降，Pettitt (1976)，Büning and Thadewald (2000)，Büning (2002)，Neuhäuser (2000)，Murakami (2007) らによって，様々なレページ型検定統計量が提案されているが，Pettitt (1976) によって提案されたレページ型検定統計量

$$LP = \left(\frac{W - E(W)}{\sqrt{V(W)}}\right)^2 + \left(\frac{MO - E(MO)}{\sqrt{V(MO)}}\right)^2$$

が最も有名なレページ型統計量の 1 つである．つまり，アンサリー–ブラッドレー検定をムード検定に置き換えた統計量である．

ムード検定は (4.11) 式かつチェルノフ–サーベッジの漸近正規性を満たすことから，統計量 LP の極限分布は自由度 2 の χ^2 分布となる．詳しくは第 6 章で記述するが，レページ検定に対するレページ型検定の漸近効率は，正規分布において 1 より高くなる．

4.7.2 ブルンナー–ムンツェル検定

前項では位置母数と尺度母数を同時に検定する統計量として，2 つの検定統計量の平方和による検定について説明した．本項では平方和検定ではなく，対立仮説 (4.8) に対して有効なブルンナー–ムンツェル検定 (Brunner and Munzel, 2000) について紹介する．Fligner and Policello (1981) はベーレンス–フィッシャー問題に対する修正型ウィルコクソン検定を紹介したが，ブルンナー–ムンツェル検定は，任意の分布に対して一般化した検定統計量である．

確率標本 $X_1 = (X_{11}, X_{12}, \ldots, X_{1n_1})$ と $X_2 = (X_{21}, X_{22}, \ldots, X_{2n_2})$ を統合して大きさの順に並べ，小さい方から順位を付ける．確率標本 X_1，X_2 からの順位を，それぞれ $R_{11}, R_{12}, \ldots, R_{1n_1}$ および $R_{21}, R_{22}, \ldots, R_{2n_2}$ とし，順位

の平均を

$$\overline{R}_{X_1} = \frac{1}{n_1}(R_{11} + R_{12} + \cdots + R_{1n_1}),$$
$$\overline{R}_{X_2} = \frac{1}{n_2}(R_{21} + R_{22} + \cdots + R_{2n_1})$$

とする.また,各群内で標本に順位を付け,それらを $H_{11}, H_{12}, \ldots, H_{1n_1}$ および $H_{21}, H_{22}, \ldots, H_{2n_2}$ で表すと,各群の順位の平均は

$$\overline{H}_{X_1} = \frac{1}{n_1}(H_{11} + H_{12} + \cdots + H_{1n_1}) = \frac{n_1+1}{2},$$
$$\overline{H}_{X_2} = \frac{1}{n_2}(H_{21} + H_{22} + \cdots + H_{2n_1}) = \frac{n_2+1}{2}$$

となる.ここで,

$$S_{X_1}^2 = \frac{1}{n_1-1}\sum_{i=1}^{n_1}\left\{R_{1i} - \overline{R}_{X_1} - H_{1i} + \frac{n_1+1}{2}\right\}^2,$$
$$S_{X_2}^2 = \frac{1}{n_2-1}\sum_{i=1}^{n_2}\left\{R_{2i} - \overline{R}_{X_2} - H_{2i} + \frac{n_2+1}{2}\right\}^2$$

とするとき,Brunner and Munzel (2000) によって検定統計量

$$\mathrm{BM} = \frac{n_1 n_2(\overline{R}_{X_2} - \overline{R}_{X_1})}{N\sqrt{n_1 S_{X_1}^2 + n_2 S_{X2}^2}}$$

が提案されている.補足として,

$$\hat{p} = \frac{1}{N}(\overline{R}_{X_2} - \overline{R}_{X_1}) + \frac{1}{2}$$

は,

$$p = \Pr(X_{1i} < X_{2j}) + \frac{1}{2}(X_{1i} = X_{2j})$$

の不偏推定量および一致推定量となる (Brunner and Munzel, 2000).

検定統計量 BM の極限分布は標準正規分布となるが,標本サイズがあまり大きくない場合は,自由度 DF の t 分布による近似を用いる.ただし,

$$\mathrm{DF} = \frac{(n_1 S_{X_1}^2 + n_2 S_{X2}^2)^2}{\frac{(n_1 S_{X_1}^2)^2}{n_1-1} + \frac{(n_2 S_{1X}^2)^2}{n_2-1}}$$

である.また,同順位がない場合,この近似は $\min(n_1, n_2) \geq 10$ であれば有用であり,正規近似でも $\min(n_1, n_2) \geq 20$ であれば良い近似を与えることが Brunner and Munzel (2002) で示されている.

例題 Hand *et al.* (1994) によって，独身男性 20 人および独身女性 20 人の香港ドルの支出額データが以下のように与えられている．

男性	497	839	798	892	1585	755	388	617	248	1641
	1180	619	253	661	1981	1746	1865	238	1199	1524
女性	820	184	921	488	721	614	801	396	864	845
	404	781	457	1029	1047	552	718	495	382	1090

男性と女性の支出額に違いがあるか調べたい．このデータについて，ブルンナー–ムンツェル検定を用いて，有意水準 5% 検定を行う．

上記の表より

$$\overline{R}_{X_1} = 23.1, \quad \overline{R}_{X_2} = 17.9, \quad S^2_{X_1} = 54.779, \quad S^2_{X_2} = 14.2526$$

より BM $= -1.3995$ となる．したがって，$\Pr(\text{BM} \geq -1.3995) \approx 0.9137$ となることから帰無仮説を棄却することはできない．

4.7.3 クッコニ検定

対立仮説 (4.8) に対して有効な検定統計量について述べる．確率標本 $X_1 = (X_{11}, X_{12}, \ldots, X_{1n_1})$ と $X_2 = (X_{21}, X_{22}, \ldots, X_{2n_2})$ を統合して大きさの順に並べ，小さい方から順位を付ける．確率標本 X_1, X_2 からの順位を，それぞれ $R_{11}, R_{12}, \ldots, R_{1n_1}$ および $R_{21}, R_{22}, \ldots, R_{2n_2}$ とする．このとき，位置母数と尺度母数を同時に検定する統計量として，Cucconi (1968) は

$$\text{CU} = \frac{C_1^2 + C_2^2 - 2\rho C_1 C_2}{2(1-\rho^2)}$$

を提案した．ただし，

$$C_1 = \frac{6\sum_{j=1}^{n_1} R_{1i}^2 - n_1(N+1)(2N+1)}{\sqrt{n_1 n_2 (N+1)(2N+1)(8N+11)/5}},$$

$$C_2 = \frac{6\sum_{j=1}^{n_1} (N+1-R_{1i})^2 - n_1(N+1)(2N+1)}{\sqrt{n_1 n_2 (N+1)(2N+1)(8N+11)/5}},$$

$$\rho = \frac{2(N^2-4)}{(2N+1)(8N+11)} - 1$$

である．

この統計量を提案した論文はイタリア語で書かれていたため，長い間あまり知られていなかった．しかしながら，Marozzi (2008, 2009, 2012) によってレページ検定との検出力の比較がなされたときから広く知られてくるようになった．レページ検定とクッコニ検定の検出力の比較では，どちらの検定統計量が良いかは明確には見出せていないが，応用面ではクッコニ検定の使いやすいことが示されている．その大きな理由として，$\min(n_1, n_2) \geq 10$ なら極限分布の棄却点を用いることができ，かつ n_1 と n_2 に大きな差がなければ，$\min(n_1, n_2) \geq 6$ でも極限分布を用いることができるからである．

近年では，クッコニ検定に基づく管理図への応用が Chowdhury et al. (2014) によって提案され，Rutkowska and Banasik (2014) によって水文学にも応用されている．また，近年では多標本クッコニ検定が Marozzi (2014) によって提案されている．

例題 Hand *et al.* (1994) によって，独身男性 20 人および独身女性 20 人の香港ドルの支出額データが以下のように与えられている．

男性	497	839	798	892	1585	755	388	617	248	1641
	1180	619	253	661	1981	1746	1865	238	1199	1524
女性	820	184	921	488	721	614	801	396	864	845
	404	781	457	1029	1047	552	718	495	382	1090

男性と女性の支出額に違いがあるか調べたい．このデータについて，クッコニ検定を用いて，有意水準 5% 検定を行う．

上記の表より

$$C_1 = 1.857, \quad C_2 = -0.871, \quad \rho = -0.881$$

となることから，CU $= 3.0279$ を得る．したがって，$\Pr(\text{CU} \geq 3.0279) \approx 0.0446$ より帰無仮説を棄却することができる．

4.7.4　2 標本コルモゴロフ-スミルノフ検定

前項までは，平均および分散に違いがあるか検定する方法について述べたが，本項からは，範囲をもう少し広げて，確率分布そのものに違いがあるか検定する統計量について紹介する．すなわち，対立仮説 (4.9) について考える．

$X_1 = (X_{11}, X_{12}, \ldots, X_{1n_1})$ を連続な分布関数 $F_1(x)$ を持つ母集団からの確率標本, $X_2 = (X_{21}, X_{22}, \ldots, X_{2n_2})$ を連続な分布関数 $F_2(x)$ を持つ母集団からの確率標本とする. また, 連続な分布関数 $F_1(x)$, $F_2(x)$ から得られる大きさ n_1, n_2 の順序統計量を

$$X_1 = (X_{1(1)}, X_{1(2)}, \ldots, X_{1(n_1)}), \quad X_2 = (X_{2(1)}, X_{2(2)}, \ldots, X_{2(n_2)})$$

とする. このとき, (4.9) で与えられる対立仮説に対して, 検定統計量

$$\mathrm{KS} = \sqrt{\frac{n_1 n_2}{N}} \max_{-\infty \leq x \leq \infty} \left| \hat{F}_1(x) - \hat{F}_2(x) \right|$$

が提案されている. ただし, $\hat{F}_1(x)$ および $\hat{F}_2(x)$ は経験分布関数

$$\hat{F}_1(x) = \begin{cases} 0 & (x < X_{1(1)}) \\ \dfrac{k}{n_1} & (X_{1(k)} \leq x < X_{1(k+1)}, \quad k = 1, 2, \ldots, n_1 - 1) \\ 1 & (x \geq X_{1(n_1)}) \end{cases}$$

および

$$\hat{F}_2(x) = \begin{cases} 0 & (x < X_{2(1)}) \\ \dfrac{k}{n_2} & (X_{2(k)} \leq x < X_{2(k+1)}, \quad k = 1, 2, \ldots, n_2 - 1) \\ 1 & (x \geq X_{2(n_1)}) \end{cases}$$

である. すなわち, 帰無仮説を検定するために $\hat{F}_1(x)$ と $\hat{F}_2(x)$ の距離を定義し, その大きさを評価する検定統計量である. この考えは Kolmogorov (1933) によって提案され, Smirnov (1939) によって数学的に研究されたため, **2 標本コルモゴロフ-スミルノフ検定** (Kolmogorov–Smirnov two-sample test) として広く知られている.

ここで, 2 標本コルモゴロフ-スミルノフ検定の分布について考える. $A(n_1, n_2)$ を $(0,0)$ から (n_1, n_2) までのパスの個数とする. ただし, 境界線上のパスは個数に数えないものとする. このとき, 帰無仮説 H_0 の下で

$$\Pr\left(\sqrt{\frac{N}{n_1 n_2}} \mathrm{KS} > z \right) = 1 - \Pr\left(\sqrt{\frac{N}{n_1 n_2}} \mathrm{KS} < z \right) = 1 - \frac{A(n_1, n_2)}{\binom{N}{n_2}}$$

で与えられる. ただし,

4.7 分布の同等性検定

$$A(j,k) = A(j-1,k) + A(j,k-1)$$

とし，境界線上の条件を

$$A(0,k) = A(j,0) = 1$$

とする．

しかしながら，標本サイズが大きい場合には導出が困難であるため，極限分布を用いる必要がある．2 標本コルモゴロフ–スミルノフ検定の極限分布は

$$\lim_{n_1,n_2 \to \infty} \Pr(\mathrm{KS} \leq z) = 1 - 2\sum_{i=1}^{\infty}(-1)^{i-1}\exp(-2i^2 z^2)$$

によって与えられるが，極限分布による近似はあまり良くない．特に，標本サイズが異なる場合には極限分布への収束が遅く，同順位がある場合には用いることができない (Lehmann, 2006)．それゆえ，並べ替え近似を用いることが Berger and Zhou (2005) によって推奨されている．ここで，検定でよく用いられる有意水準に対する極限分布の棄却点を挙げる．

z	1.22385	1.35810	1.48021	1.62763
$\Pr(\mathrm{KS} \leq z)$	0.9000	0.9500	0.9750	0.9900

また，上記以外の確率分布表については付録の表 A.17 を参照のこと．

$H_1^{\mathrm{a}+}$ のような片側対立仮説に対して，2 標本コルモゴロフ–スミルノフ検定は

$$\mathrm{KS}^+ = \sqrt{\frac{n_1 n_2}{N}} \max_{-\infty \leq k \leq \infty}\left[\hat{F}_1(x) - \hat{F}_2(x)\right]$$

によって与えられる．このとき，片側 2 標本コルモゴロフ–スミルノフ検定 KS^+ の極限分布は

$$\lim_{n_1,n_2 \to \infty} \Pr\left(\mathrm{KS}^+ \leq z\right) = 1 - \exp(-2z^2)$$

である．$H_1^{\mathrm{a}-}$ に対しては，2 標本片側コルモゴロフ–スミルノフ検定は

$$\mathrm{KS}^- = \sqrt{\frac{n_1 n_2}{N}} \max_{-\infty \leq k \leq \infty}\left[\hat{F}_2(x) - \hat{F}_1(x)\right]$$

によって与えられ，極限分布は KS^+ と同様である．ここで，検定でよく用いられる有意水準に対する極限分布の棄却点を挙げる．

z	1.07298	1.22387	1.35810	1.51743
$\Pr(\mathrm{KS}^+ \leq z) = \Pr(\mathrm{KS}^- \leq z)$	0.9000	0.9500	0.9750	0.9900

また，上記以外の確率分布表については付録の表 A.18 を参照のこと．

例題 Baumgartner et al. (1998) によって強心薬 X_1 と遺伝子組換えによる薬 X_2 のデータが与えられている．

X_1	0.0166	0.0247	0.0295	0.0588	0.0642
X_2	0.0178	0.0182	0.0202	0.0393	0.0906

薬 X_1 と X_2 に違いがあるか調べたい．このデータについて，両側 2 標本コルモゴロフ–スミルノフ検定 KS を用いて，有意水準 5% 検定を行う．

上記の表より，

データ	0.0166	0.0178	0.0182	0.0202	0.0247
$\hat{F}_1(x)$	1/5	1/5	1/5	1/5	2/5
$\hat{F}_2(x)$	0	1/5	2/5	3/5	3/5
$|\hat{F}_1(x) - \hat{F}_2(x)|$	1/5	0	1/5	2/5	1/5
データ	0.0295	0.0393	0.0588	0.0642	0.0906
$\hat{F}_1(x)$	3/5	3/5	4/5	5/5	5/5
$\hat{F}_2(x)$	3/5	4/5	4/5	4/5	5/5
$|\hat{F}_1(x) - \hat{F}_2(x)|$	0	1/5	0	1/5	0

が求まる．したがって，$\mathrm{KS} = \max|\hat{F}_1(x) - \hat{F}_2(x)| = 2/5$ となる．$\Pr(\mathrm{KS} \geq 2/5) \approx 0.873$ となることから，帰無仮説を棄却することはできない．

4.7.5　2 標本クラメール–フォン・ミーゼス検定

本項で述べる統計量は，$\hat{F}_1(x)$ と $\hat{F}_2(x)$ の距離を定義し，その大きさを評価するという観点では 2 標本コルモゴロフ–スミルノフ検定と同じである．

$X_1 = (X_{11}, X_{12}, \ldots, X_{1n_1})$ を連続な分布関数 $F_1(x)$ を持つ母集団からの確率標本，$X_2 = (X_{21}, X_{22}, \ldots, X_{2n_2})$ を連続な分布関数 $F_2(x)$ を持つ母集団からの確率標本とする．また，$\hat{F}_1(x)$ および $\hat{F}_2(x)$ は分布関数 $F_1(x)$, $F_2(x)$ に対する経験分布関数とする．このとき，経験分布関数の 2 乗距離を用いた検定統計量

4.7 分布の同等性検定

$$\text{CVM} = \frac{n_1 n_2}{N}\int_{-\infty}^{\infty}(\hat{F}_1(x)-\hat{F}_2(x))^2 d\left(\frac{n_1\hat{F}_1(x)+n_2\hat{F}_2(x)}{N}\right)$$

が Cramér (1928) と von Mises (1931) によって提案されている．さらに，Anderson (1962) によって順位を用いた検定統計量

$$\text{CVM} = \frac{n_1 n_2}{N}\int_{-\infty}^{\infty}(\hat{F}_1(x)-\hat{F}_2(x))^2 d\left(\frac{n_1\hat{F}_1(x)+n_2\hat{F}_2(x)}{N}\right)$$

$$= \frac{n_1 n_2}{N^2}\left\{\sum_{i=1}^{n_1}[\hat{F}_1(X_{1i})-F_2(\hat{X}_{1i})]^2 + \sum_{j=1}^{n_2}[\hat{F}_1(X_{2j})-\hat{F}_2(X_{2j})]^2\right\}$$

$$= \frac{1}{N^2}\left\{\frac{n_1}{n_2}\sum_{i=1}^{n_1}\left(R_i-\frac{N}{n_1}i\right)^2 + \frac{n_2}{n_1}\sum_{j=1}^{n_2}\left(H_j-\frac{N}{n_2}j\right)^2\right\}$$

へと変換されている．ただし，$R_1<\cdots<R_{n_1}$ と $H_1<\cdots<H_{n_2}$ は大きさの順に並べた X_1 と X_2 の順位を表す．この検定統計量 CVM は **2 標本クラメール–フォン・ミーゼス検定** (Cramér-von Mises two-sample test) として広く知られている．

また，2 標本クラメール–フォン・ミーゼス検定の極限分布は

$$\lim_{n_1,n_2\to\infty}\Pr(\text{CVM}<z)$$
$$=\frac{1}{\pi\sqrt{z}}\sum_{j=0}^{\infty}(-1)^j\binom{-\frac{1}{2}}{j}\sqrt{4j+1}\exp\left(-\frac{(4j+1)^2}{16z}\right)B_{\frac{1}{4}}\left(\frac{(4j+1)^2}{16z}\right)$$

で与えられている．ただし，$B_{\frac{1}{4}}(\cdot)$ はベッセル関数を表す．ここで，検定でよく用いられる有意水準に対する極限分布の棄却点を挙げる．

z	0.34731	0.46136	0.58062	0.74346
$\Pr(\text{CVM}\leq z)$	0.9000	0.9500	0.9750	0.9900

また，上記以外の確率分布表については付録の表 A.19 を参照のこと．

例題 Karpatkin *et al.* (1981) によって，母のステロイド療法による新生児の血小板数への影響を調べたデータが以下のように与えられている．

処理群	120	124	215	90	67	95
	190	180	135	399		
対照群	12	20	112	32	60	40

処理群と対照群に違いがあるか調べたい．このデータについて，2 標本クラメール–フォン・ミーゼス検定を用いて，有意水準 5% 検定を行う．

上記の表より，

順位 (処理群)	10	11	15	7	6	8
	14	13	12	16		
順位 (対照群)	1	2	9	3	5	4

を得る．したがって，

$$\mathrm{CVM} = \frac{1}{16^2}(128 + 121.0667) = 0.9729$$

が導かれる．よって，$\Pr(\mathrm{CVM} \geq 0.9729) \approx 0.0012$ となることから帰無仮説を棄却する．

4.7.6　バウムガートナー検定

本項では，順位に基づく検定統計量について述べる．$X_1 = (X_{11}, X_{12}, \ldots, X_{1n_1})$ を連続な分布関数 $F_1(x)$ を持つ母集団からの確率標本，$X_2 = (X_{21}, X_{22}, \ldots, X_{2n_2})$ を連続な分布関数 $F_2(x)$ を持つ母集団からの確率標本とする．また，$R_1 < \cdots < R_{n_1}$ と $H_1 < \cdots < H_{n_2}$ は大きさの順に並べた X_1 と X_2 の順位を表す．このとき，検定統計量

$$\mathrm{B} = \frac{1}{2}(B_{X_1} + B_{X_2})$$

が Baumgartner et al. (1998) によって提案されており，バウムガートナー検定 (Baumgartner test) として知られている．ただし，

$$B_{X_1} = \frac{1}{n_2 N} \sum_{i=1}^{n_1} \frac{(R_i - \frac{N}{n_1}i)^2}{\frac{i}{n_1+1}(1 - \frac{i}{n_1+1})}, \quad B_{X_2} = \frac{1}{n_1 N} \sum_{j=1}^{n_2} \frac{(H_j - \frac{N}{n_2}j)^2}{\frac{j}{n_2+1}(1 - \frac{j}{n_2+1})}$$

である．クラメール–フォン・ミーゼス検定と比較すると，バウムガートナー検定はクラメール–フォン・ミーゼス検定よりも分布の裾を強調する検定統計量となっている．

この検定統計量の検出力は，位置母数の違いに対してウィルコクソン順位和検定の検出力と近く，尺度母数などの違いに対してコルモゴロフ–スミルノフ検定やクラメール–フォン・ミーゼス検定よりも検出力が高くなることがシミュ

レーション実験により示されている (Baumgartner *et al.*, 1998 ; Murakami, 2006).

前述した順序統計量を用いることで, R_i と H_j の期待値と分散はそれぞれ

$$\mathrm{E}(R_i) = \frac{N+1}{n_1+1}i, \quad \mathrm{V}(R_i) = \frac{i}{n_1+1}\left(1 - \frac{i}{n_1+1}\right)\frac{n_2(N+1)}{n_1+2},$$

$$\mathrm{E}(H_j) = \frac{N+1}{n_2+1}j, \quad \mathrm{V}(H_j) = \frac{j}{n_2+1}\left(1 - \frac{j}{n_2+1}\right)\frac{n_1(N+1)}{n_2+2}$$

となることから, Murakami (2006) は修正型バウムガートナー検定

$$\mathrm{B}^* = \frac{1}{2}(B^*_{X_1} + B^*_{X_2})$$

を提案した. ただし

$$B^*_{X_1} = \frac{1}{n_1}\sum_{i=1}^{n_1} \frac{(R_i - \frac{N+1}{n_1+1}i)^2}{\frac{i}{n_1+1}(1 - \frac{i}{n_1+1})\frac{n_2(N+1)}{n_1+2}},$$

$$B^*_{X_2} = \frac{1}{n_2}\sum_{j=1}^{n_2} \frac{(H_j - \frac{N+1}{n_2+1}j)^2}{\frac{j}{n_2+1}(1 - \frac{j}{n_2+1})\frac{n_1(N+1)}{n_2+2}}$$

である. 修正型バウムガートナー検定を用いる利点の1つに, $\Delta \neq 0$ の条件の下で, $F_2(x) = F_1(x - \Delta)$ と $F_2(x) = F_1(x + \Delta)$ に対する修正型バウムガートナー検定の検出力が等しくなることがある (Murakami, 2008).

また, 統計量 B と B^* の極限分布は

$$\lim_{n_1, n_2 \to \infty} \Pr(\mathrm{B} < b) = \lim_{n_1, n_2 \to \infty} \Pr(\mathrm{B}^* < b)$$

$$= \sqrt{\frac{\pi}{2}}\frac{1}{b}\sum_{j=0}^{\infty} \frac{(-1)^j \Gamma\left(j + \frac{1}{2}\right)}{\Gamma\left(\frac{1}{2}\right) j!} \int_0^1 \frac{(4j+1)}{\sqrt{r^3(1-r)}} \exp\left(\frac{rb}{8} - \frac{\pi^2(4j+1)^2}{8rb}\right) dr$$

となる. ここで, 検定でよく用いられる有意水準に対する極限分布の棄却点を挙げる.

b	1.93296	2.49237	3.07748	3.87812
$\Pr(B^* \leq b)$	0.9000	0.9500	0.9750	0.9900

また, 上記以外の確率分布表については付録の表 A.20 を参照のこと.

例題 Karpatkin *et al.* (1981) によって, 母のステロイド療法による新生児の血小板数への影響を調べたデータが以下のように与えられている.

処理群	120	124	215	90	67	95
	190	180	135	399		
対照群	12	20	112	32	60	40

処理群と対照群に違いがあるか調べたい．このデータについて，修正型バウムガートナー検定を用いて，有意水準 5% 検定を行う．

上記の表より

順位 (処理群)	10	11	15	7	6	8
	14	13	12	16		
順位 (対照群)	1	2	9	3	5	4

となる．したがって，

$$B^* = \frac{1}{2}(6.8439 + 6.0275) = 6.4357$$

を得る．

よって，$\Pr(B^* \geq 6.4357) \approx 0.00125$ となることから帰無仮説を棄却する．

バウムガートナー検定 B は片側対立仮説にはあまり有用ではないことから，Neuhäuser (2001) によって片側バウムガートナー検定が提案されている．また，2 項分布に対して，修正型バウムガートナー検定に基づく検定統計量が Shan et al. (2013) によって提案されている．さらに，Murakami (2006) によって多標本検定統計量へと拡張され，Murakami et al. (2009) によって近似分布が導出されている．

Chapter 5

多標本検定問題

前章では,独立な 2 標本の仮説検定について述べた.本章では,2 標本検定問題の拡張である多標本 (k 標本) 検定問題について考える.多標本問題と言うが,対象を k 個の標本に分けて,標本に違いがあるか分析する **1 元配置分散分析** (one-way analysis-of-variance) と,k 個の処理を B 個のブロックに分けて実験し,その処理に違いがあるか分析する **2 元配置分散分析** (two-way analysis-of-variance) がある.本章では,1 元配置分散分析および 2 元配置分散分析において有用な検定統計量について紹介する.

5.1　1 元配置分散分析

まず,$\{X_{ij}|i=1,\ldots,k,\,j=1,\ldots,n_i\}$ を大きさ $n_1,\ldots,n_k$ の k 個の独立な確率標本とする.ただし,$N = n_1 + n_2 + \cdots + n_k$ である.すなわち,以下の表が与えられる.

表 **5.1**　独立な確率標本

標本番号	確率標本				
1	X_{11}	X_{12}	X_{13}	$\cdots$	X_{1n_1}
2	X_{21}	X_{22}	X_{23}	$\cdots$	X_{2n_2}
$\vdots$	$\vdots$	$\vdots$	$\vdots$		$\vdots$
k	X_{k1}	X_{k2}	X_{k3}	$\cdots$	X_{kn_k}

ここで,確率標本 X_{ij} は分布関数 $F_i(x)$ から得られるものとする.このとき,検定問題として

$$H_0 : F_1(x) = F_2(x) = \cdots = F_k(x)$$

のような帰無仮説に対する検定問題を考える．対立仮説を

$$H_1 : H_0 \text{ が成立しない}$$

とすると，対立仮説があまりにも一般的すぎる．そのため，帰無仮説 H_0 が棄却されるとき，k 個の確率標本は同一でないことしか言えない．そこで，以下の項で具体的な多標本検定統計量について考えていく．

5.1.1 クラスカル-ウォリス検定

確率標本 $X_{ij}, i = 1, \ldots, k, j = 1, \ldots, n_i$, は連続で未知な分布関数 $F_i(x-\Delta_i)$ から得られるものとする．位置母数に対する検定問題として，帰無仮説および対立仮説は

$$H_0 : \Delta_1 = \Delta_2 = \cdots = \Delta_k,$$
$$H_1^\ell : \Delta_i \neq \Delta_j$$

となる．ただし，少なくとも 1 つ $i \neq j$ が成り立つものとする．帰無仮説が棄却されるということは，

$$\Delta_1 \neq \Delta_2 = \Delta_3 = \cdots = \Delta_k,$$
$$\vdots$$
$$\Delta_1 = \Delta_2 = \cdots = \Delta_{k-1} \neq \Delta_k,$$
$$\Delta_1 \neq \Delta_2 \neq \Delta_3 = \cdots = \Delta_k,$$
$$\vdots$$
$$\Delta_1 \neq \Delta_2 \neq \cdots \neq \Delta_k$$

のすべての場合を含んでいることに注意されたい．また，帰無仮説が棄却されても，何番目の確率標本が他の確率標本と違うのか等については何も言えない．これらを調べるためには，相異なる標本を相互比較する**多重比較法** (multiple comparison) と呼ばれる方法がある．

ここからは，具体的な検定統計量について考えるとしよう．まず，表 5.1 の確率標本において標本を統合し，$N = n_1 + \cdots + n_k$ の標本を小さい方から大きさの順に並べ，それぞれに順位を付ける．このとき，R_{ij} は X_{ij} の順位を表すとすると，表 5.2 が得られる．

5.1　1元配置分散分析

表 5.2　確率標本の順位

標本番号	順位					合計	平均
1	R_{11}	R_{12}	R_{13}	$\cdots$	R_{1n_1}	$R_{1\cdot}$	$\overline{R_1}$
2	R_{21}	R_{22}	R_{23}	$\cdots$	R_{2n_2}	$R_{2\cdot}$	$\overline{R_2}$
$\vdots$	$\vdots$	$\vdots$	$\vdots$		$\vdots$	$\vdots$	$\vdots$
k	R_{k1}	R_{k2}	R_{k3}	$\cdots$	R_{kn_k}	$R_{k\cdot}$	$\overline{R_k}$

このとき, Kruskal and Wallis (1952) によって検定統計量

$$H = \frac{12}{N(N+1)} \sum_{i=1}^{k} \frac{1}{n_i} \left\{ \sum_{j=1}^{n_i} R_{ij} - \frac{n_i(N+1)}{2} \right\}^2$$

$$= \frac{12}{N(N+1)} \sum_{i=1}^{k} \frac{1}{n_i} \left(\sum_{j=1}^{n_i} R_{ij} \right)^2 - 3(N+1)$$

が提案され, クラスカル-ウォリス検定 (Kruskal-Wallis test) として広く知られている. また, Kruskal (1952) によって H の一致性について議論がなされている.

ここで, $k = 2$ とすると,

$$H = \frac{12}{N(N+1)} \left[\frac{1}{n_1} \left\{ \sum_{j=1}^{n_1} R_{1j} - \frac{n_1(N+1)}{2} \right\}^2 \right.$$

$$\left. + \frac{1}{n_2} \left\{ \sum_{j=1}^{n_2} R_{2j} - \frac{n_2(N+1)}{2} \right\}^2 \right]$$

$$= \frac{12}{N(N+1)} \left[\frac{1}{n_1} \left\{ \sum_{j=1}^{n_1} R_{1j} - \frac{n_1(N+1)}{2} \right\}^2 \right.$$

$$\left. + \frac{1}{n_2} \left\{ \frac{N(N+1)}{2} - \sum_{j=1}^{n_1} R_{1j} - \frac{n_2(N+1)}{2} \right\}^2 \right]$$

$$= \frac{12}{N(N+1)} \left(\frac{1}{n_1} + \frac{1}{n_2} \right) \left\{ \sum_{j=1}^{n_1} R_{1j} - \frac{n_1(N+1)}{2} \right\}^2$$

となることから, H はウィルコクソン順位和検定そのものである. したがって,

クラスカル–ウォリス検定は, ウィルコクソン順位和検定を 2 標本検定から多標本検定へと拡張した検定統計量と言える.

ここで, クラスカル–ウォリス検定の分布について考えてみる. 合計標本サイズが N なので, $N!/\prod_{i=1}^{k} n_i!$ の組合せが考えられる. 例えば, $n_1 = n_2 = n_3 = n_4 = 7$ の場合, 472×10^{12} の並べ替えを計算する必要がある. 標本サイズが小さい場合や標本数が少ない場合には, クラスカル–ウォリス検定の精密分布を導出することが可能である. しかしながら, 標本サイズが大きい場合や標本数が多い場合には極限分布を用いる必要がある.

まず, 各標本における順位の平均を

$$\overline{R_i} = \frac{1}{n_i} \sum_{j=1}^{n_i} R_{ij}$$

とすると, 順位の平均, 分散, 共分散は

$$\mathrm{E}(\overline{R_i}) = \frac{N+1}{2}, \quad \mathrm{V}(\overline{R_i}) = \frac{(N-n_i)(N+1)}{12n_i}, \quad \mathrm{cov}(\overline{R_i}) = -\frac{N+1}{12}$$

となる. $\overline{R_i}$ は標本平均なので, n_i が十分大きいとき, 中心極限定理により

$$Z_i = \frac{\overline{R_i} - \mathrm{E}(\overline{R_i})}{\sqrt{\mathrm{V}(\overline{R_i})}}$$

は標準正規分布に従うので, Z_i^2 は近似的に自由度 1 の χ^2 分布に従う. ここで,

$$\sum_{i=1}^{k} \frac{N-n_i}{N} Z_i^2 = \sum_{i=1}^{k} \frac{12n_i \{\overline{R_i} - \mathrm{E}(\overline{R_i})\}^2}{N(N+1)} = H$$

となることから, 自由度 $k-1$ の χ^2 分布に従う.

また, 詳しい説明は省略するが, F 検定に対するクラスカル–ウォリス検定の漸近相対効率は

$$12\sigma^2 \left(\int_{-\infty}^{\infty} f^2(x) dx \right)^2$$

によって与えられる.

例題　次のデータが Cawson et al. (1974) によって与えられている.

5.1 1元配置分散分析

肘前静脈コルチゾール濃度

群 1	262	307	211	323	454	339	304	154	287	356
群 2	465	501	455	355	468	362				
群 3	343	772	207	1048	838	687				

群1, 群2, 群3の平均に違いがあるか調べたい. このデータについてクラスカル–ウォリス検定を用いて5%検定を行う.

上記の標本を小さい方から大きさの順に並べ,それぞれに順位を付けると以下の表が得られる.

	順 位									合計
群 1	4	7	3	8	14	9	6	1	5	12	69
群 2	16	18	15	11	17	13				90
群 3	10	20	2	22	21	19				94

したがって,

$$H = \frac{12}{22(22+1)}\left(\frac{69^2}{10} + \frac{90^2}{6} + \frac{94^2}{6}\right) - 3(22+1) = 9.232$$

となる. この場合,クラスカル–ウォリス検定の極限分布は自由度2のχ^2分布に従うので,有意水準が$\alpha = 0.05, 0.025, 0.010, 0.005$の場合,棄却点はそれぞれ 5.991, 7.378, 9.210, 10.597 となる. したがって,$\alpha = 0.005$以外に帰無仮説を棄却することができる.

ちなみに Meyer and Seaman (2013) のアルゴリズムを用いると,クラスカル–ウォリス統計量 H の p 値は 0.00989 となる.

5.1.2 ヨンキー–タプストラ検定

確率標本 X_{ij}, $i = 1, \ldots, k$, $j = 1, \ldots, n_i$, は分布関数 $F_i(x - \Delta_i)$ から得られるものとする. このとき,分布関数 F には連続性だけが仮定され,それ以外については分からないものとする.

クラスカル–ウォリス検定では,位置母数の検定に対して一般的な対立仮説を扱った. しかし,前述したように帰無仮説が棄却された場合,k個の標本は同一ではないとしか言えなかった. しかしながら,例えば,ある薬の投与量をk段階に分けて効果を調べるとき,投与量を増やすにつれて効果の増加 (もしくは,減

少) が見込まれる場合, 順序制約がある仮説

$$H_0 : \Delta_1 = \Delta_2 = \cdots = \Delta_k,$$
$$H_1^{\ell+} : \Delta_1 \leq \Delta_2 \leq \cdots \leq \Delta_k \quad (H_1^{\ell-} : \Delta_1 \geq \Delta_2 \geq \cdots \geq \Delta_k)$$

に対して検定を行いたい場合がある. ただし, 少なくとも 1 つの不等号が成り立つとする. つまり, 帰無仮説が棄却されるということは

$$\Delta_1 < \Delta_2 = \Delta_3 = \cdots = \Delta_k \quad (\Delta_1 > \Delta_2 = \Delta_3 = \cdots = \Delta_k),$$
$$\vdots$$
$$\Delta_1 = \Delta_2 = \cdots = \Delta_{k-1} < \Delta_k \quad (\Delta_1 = \Delta_2 = \cdots = \Delta_{k-1} > \Delta_k),$$
$$\Delta_1 < \Delta_2 < \Delta_3 = \cdots = \Delta_k \quad (\Delta_1 > \Delta_2 > \Delta_3 = \cdots = \Delta_k),$$
$$\vdots$$
$$\Delta_1 < \Delta_2 < \cdots < \Delta_k \quad (\Delta_1 > \Delta_2 > \cdots > \Delta_k)$$

のすべての場合を含んでいることに注意されたい.

相異なる 2 つの標本 i, j $(i < j)$ に対して, $X_i = (X_{i1}, X_{i2}, \ldots, X_{in_i})$ と $X_j = (X_{j1}, X_{j2}, \ldots, X_{jn_j})$ の大きさを比較し, $X_{is} < X_{jt}$ を満たす組の個数を数える. すなわち,

$$J_{ij} = \sum_{s=1}^{n_i} \sum_{t=1}^{n_j} U(X_{is}, X_{jt})$$

である. ただし,

$$U(x, y) = \begin{cases} 1 & (x < y) \\ 0 & (x \geq y) \end{cases}$$

とする. $k(k-1)/2$ 個のすべての組合せについて J_{ij} を求め, その和とした検定統計量

$$\mathrm{JT} = \sum_{i=1}^{k} \sum_{j=i+1}^{k} \sum_{s=1}^{n_i} \sum_{t=1}^{n_j} U(X_{is}, X_{jt})$$

が, Terpstra (1952) と Jonckheere (1954) によって別々に提案された. この検定統計量は, ヨンキー–タプストラ検定 (Jonckheere-Terpstra test) として広く知られている. また, ヨンキー–タプストラ検定の確率母関数は

$$\sum_{r=0}^{M} \Pr(\mathrm{JT}=r)x^r = \prod_{i=2}^{k} \frac{1}{\binom{n_i+N_i}{n_i}} \frac{\prod_{r=N_i+1}^{n_i+N_i}(1-x^r)}{\prod_{r=1}^{n_i}(1-x^r)}$$

となる (van de Wiel *et al.*, 1999). ただし,

$$N_i = \sum_{j=p}^{i-1} n_p, \quad M = \sum_{i=2}^{k}\sum_{p=1}^{i-1} n_i n_j$$

である. したがって, ヨンキー–タプストラ検定の積率母関数は

$$\mathrm{MGF}(s) = \prod_{i=2}^{k}\prod_{r=1}^{n_i} \frac{r}{N_i+r} \frac{1-\exp(s(N_i+r))}{1-\exp(sr)}$$

となることから (Murakami and Kamakura, 2009), 帰無仮説の下で, ヨンキー–タプストラ検定の平均と分散は

$$\mathrm{E}(\mathrm{JT}) = \frac{1}{4}\left(N^2 - \sum_{j=1}^{k} n_j^2\right),$$

$$\mathrm{V}(\mathrm{JT}) = \frac{1}{72}\left\{N^2(2N+3) - \sum_{j=1}^{k} n_j^2(2n_j+3)\right\}$$

によって与えられる.

標本サイズ, もしくは標本数が小さい場合には, ヨンキー–タプストラ検定の精密分布を導出することが可能であるが, 標本サイズが大きい場合や標本数が多い場合には極限分布を用いる必要がある. よって, $\min(n_1, n_2, \ldots, n_k)$ が十分大きい場合には

$$\Pr(\mathrm{JT} \geq t) = 1 - \Phi\left(\frac{t - \mathrm{E}(\mathrm{JT}) - 0.5}{\sqrt{\mathrm{V}(\mathrm{JT})}}\right)$$

と正規近似することができる (Odeh, 1972). また, Murakami and Kamakura (2009) や Joutard (2013) によって, ヨンキー–タプストラ検定の精密分布への近似分布が導出されており, Murakami and Lee (2015) によって, 不偏となることが示されている.

例題 次のデータが Cawson *et al.* (1974) によって与えられている.

肘前静脈コルチゾール濃度

群 1	262	307	211	323	454	339	304	154	287	356
群 2	465	501	455	355	468	362				
群 3	343	772	207	1048	838	687				

群 1, 群 2, 群 3 の平均に違いがあるか調べたい. このデータについてヨンキー–タプストラ検定を用いて 5% 検定を行う.

第 1 群と 第 2 群, 第 1 群と 第 3 群, 第 2 群と 第 3 群で大きさの比較を行うと, ヨンキー–タプストラ検定は

$$\mathrm{JT} = 57 + 49 + 24 = 130$$

となる. ここで, E(JT) = 78, V(JT) = 269 となることから,

$$\frac{130 - 78 - 0.5}{\sqrt{269}} \approx 3.14$$

を得る. したがって, 正規近似より p 値はほぼゼロに近い値をとることから, 帰無仮説を棄却することができる.

5.1.3 多標本ムード検定

確率標本 X_{ij} は分布関数 $F_i(\Delta_i x)$ から得られるものとする. このとき, 分布関数 F には連続性だけが仮定され, それ以外については分からないものとする. このとき, 尺度母数に対する検定問題として, 帰無仮説および対立仮説は

$$H_0 : \Delta_1 = \Delta_2 = \cdots = \Delta_k,$$
$$H_1 : \Delta_i \neq \Delta_j$$

となる. ただし, 少なくとも 1 つ $i \neq j$ が成り立つものとする.

順位付けされた確率標本の表 (表 5.2) に対して,

$$\mathrm{MK} = \frac{180}{N(N+1)(N^2-4)} \sum_{i=1}^{k} n_i \left(M_i - \frac{N^2-1}{12} \right)^2$$

によって与えられる検定統計量は, **多標本ムード検定** (multisample Mood test) として知られている (Tsai *et al.*, 1975). ただし,

$$M_i = \frac{1}{n_i} \sum_{j=1}^{n_i} \left(R_{ij} - \frac{N+1}{2} \right)^2$$

である.

クラスカル–ウォリス検定と同様に，標本サイズが大きい場合や標本数が多い場合には多標本ムード検定の分布を導出するのは困難であるため，統計量の極限分布を導出する必要がある．

$$\mathrm{E}(M_i) = \frac{N^2 - 1}{12}, \quad \mathrm{V}(M_i) = \frac{(N - n_i)(N + 1)(N^2 - 4)}{180 n_i}$$

より，n_i が十分大きいとき，中心極限定理により

$$Z_i = \frac{M_i - \mathrm{E}(M_i)}{\sqrt{\mathrm{V}(M_i)}}$$

は標準正規分布に従う．それゆえ，Z_i^2 は近似的に自由度 1 の χ^2 分布に従う．

$$\sum_{i=1}^{k} \frac{N - n_i}{N} Z_i^2 = \sum_{i=1}^{k} \frac{180 n_i}{N(N+1)(N^2-4)} \left(M_i - \frac{N^2 - 1}{12} \right)^2 = \mathrm{MK}$$

となることから，多標本ムード検定の極限分布は自由度 $k-1$ の χ^2 分布となる．

例題 Moore and McCabe (2009) はアメリカにおいて 54 個のホットドッグに含まれるナトリウムの重さを計測した．

ナトリウム量 (mg)

牛　肉	495	477	425	322	482	587	370	322	479	375
	330	300	386	401	645	440	317	319	298	253
合挽き	458	506	473	545	496	360	387	386	507	393
	405	372	144	511	405	428	339			
鶏　肉	430	375	396	383	387	542	359	357	528	513
	426	513	358	581	588	522	545			

上記の表に対して，中央値を揃えて順位付けすると以下のようになる．

ナトリウム量 (mg) の順位データ

牛　肉	48	40	32	12	44	53	23	12	42	24
	14	4	29	30	54	34	9	10	3	2
合挽き	33	43	35	50	38	16	21	20	45	22
	28	19	1	46	28	31	8			
鶏　肉	28	13	18	15	17	47	7	5	41	37
	25	37	6	51	52	39	49			

したがって,

$$\mathrm{MK} = \frac{1}{48048} \times \left(\frac{1336336}{45} + \frac{11075584}{153} + \frac{937024}{153} \right) \approx 2.2521$$

となる.この例題の場合,多標本ムード検定は自由度 2 の χ^2 分布に従うので,有意水準が $\alpha = 0.05, 0.025, 0.010, 0.005$ の場合,棄却点はそれぞれ 5.991,7.378, 9.210, 10.597 となる.したがって,帰無仮説を棄却することができない.

5.1.4 多標本アンサリー–ブラッドレー検定

確率標本 X_{ij} は分布関数 $F_i(\Delta_i x)$ から得られるものとする.このとき,分布関数 F には連続性だけが仮定され,それ以外については分からないものとする.このとき,尺度母数に対する検定問題として,帰無仮説および対立仮説は

$$H_0 : \Delta_1 = \Delta_2 = \cdots = \Delta_k,$$
$$H_1 : \Delta_i \neq \Delta_j$$

となる.ただし,少なくとも 1 つ $i \neq j$ が成り立つものとする.

順位付けされた確率標本の表 5.2 に対して

$$\mathrm{ABK} = \begin{cases} \dfrac{48(N-1)}{N(N^2-4)} \sum_{i=1}^{k} n_i \left(A_i - \dfrac{N+2}{4} \right)^2 & (N \text{ が偶数のとき}) \\ \dfrac{48N^2}{N(N+1)(N^2+3)} \sum_{i=1}^{k} n_i \left\{ A_i - \dfrac{(N+1)^2}{4N} \right\}^2 & (N \text{ が奇数のとき}) \end{cases}$$

によって与えられる検定統計量は,**多標本アンサリー–ブラッドレー検定** (multisample Ansari–Bradley test) として知られている (Tsai *et al.*, 1975). ただし,

$$A_i = \frac{1}{n_i} \sum_{j=1}^{n_i} \left(\frac{N+1}{2} - \left| R_{ij} - \frac{N+1}{2} \right| \right)$$

である.

ここで,多標本アンサリー–ブラッドレー検定の極限分布について考える.

$$\mathrm{E}(A_i) = \begin{cases} \dfrac{N+2}{4} & (N \text{ が偶数のとき}) \\ \dfrac{(N+1)^2}{4N} & (N \text{ が奇数のとき}) \end{cases}$$

5.1 1元配置分散分析

$$V(A_i) = \begin{cases} \dfrac{(N-n_i)(N^2-4)}{48n_i(N-1)} & (N \text{ が偶数のとき}) \\ \dfrac{(N-n_i)(N+1)(N^2+3)}{48n_i N^2} & (N \text{ が奇数のとき}) \end{cases}$$

より, n_i が十分大きいとき, 中心極限定理により

$$Z_i = \frac{A_i - \mathrm{E}(A_i)}{\sqrt{\mathrm{V}(A_i)}}$$

は標準正規分布に従う. それゆえ, Z_i^2 は近似的に自由度 1 の χ^2 分布に従う.

$$\sum_{i=1}^{k} \frac{N-n_i}{N} Z_i^2$$
$$= \begin{cases} \displaystyle\sum_{i=1}^{k} \dfrac{48n_i(N-1)}{N(N^2-4)} \left(A_i - \dfrac{N+2}{4} \right)^2 & (N \text{ が偶数のとき}) \\ \displaystyle\sum_{i=1}^{k} \dfrac{48n_i N^2}{N(N+1)(N^2+3)} \left\{ A_i - \dfrac{(N+1)^2}{4N} \right\}^2 & (N \text{ が奇数のとき}) \end{cases}$$
$$= \mathrm{ABK}$$

となることから, 多標本アンサリー–ブラッドレー検定の極限分布は自由度 $k-1$ の χ^2 分布となる.

例題 Moore and McCabe (2009) はアメリカにおいて 54 個のホットドッグに含まれるナトリウムの重さを計測した.
前項の多標本ムード検定と同様に, 中央値を揃えて順位付けすると以下を得る.

ナトリウム量 (mg) の順位データ

牛肉	48	40	32	12	44	53	23	12	42	24
	14	4	29	30	54	34	9	10	3	2
合挽き	33	43	35	50	38	16	21	20	45	22
	28	19	1	46	28	31	8			
鶏肉	28	13	18	15	17	47	7	5	41	37
	25	37	6	51	52	39	49			

したがって,

$$\mathrm{ABK} = \frac{53}{3276} \times \left(\frac{529}{20} + \frac{1764}{17} + \frac{324}{17} \right) \approx 2.4150$$

となる. 多標本アンサリー–ブラッドレー検定は, 自由度 2 の χ^2 分布に従うので, 有意水準が $\alpha = 0.05, 0.025, 0.010, 0.005$ の場合, 棄却点はそれぞれ 5.991, 7.378, 9.210, 10.597 となる. したがって, 帰無仮説を棄却することができない.

5.1.5 様々な検定統計量

前項までで述べた検定統計量以外にも多くの多標本検定統計量が提案されている. 本項では, いくつかの検定統計量を簡潔に紹介する.

多標本正規スコア検定 (multisample normal score test)

$$\mathrm{TS}_1 = \frac{N-1}{N\sum_{i=1}^{N} a(i)^2} \sum_{i=1}^{k} \frac{1}{n_i} \left\{ \sum_{j=1}^{n_i} a(R_{ij}) \right\}^2, \quad a(i) = \mathrm{E}\left[\Phi^{-1}(U_{i:N})\right].$$

検定統計量 TS_1 は, 分布関数に正規分布が仮定された場合, 漸近的に最適な検定となる.

多標本ファン・デル・ヴェルデン型検定 (multisample van der Waerden-type test)

$$\mathrm{TS}_2 = \frac{N-1}{N\sum_{i=1}^{N} \Phi^{-1}\left(\frac{i}{N+1}\right)^2} \sum_{i=1}^{k} \frac{1}{n_i} \left\{ \sum_{j=1}^{n_i} \Phi^{-1}\left(\frac{R_{ij}}{N+1}\right) \right\}^2.$$

検定統計量 TS_2 は, 分布関数に正規分布が仮定された場合, 漸近的に最適な検定となる.

多標本レページ検定 (multisample Lepage test)

$$\mathrm{TS}_3 = \mathrm{H} + \mathrm{ABK}.$$

クラスカル–ウォリス検定と多標本アンサリー–ブラッドレー検定の和の統計量であり, 位置母数と尺度母数を同時に検定する場合に有効な検定統計量である. また, 極限分布は自由度 $2(k-1)$ の χ^2 に従うことが Rublík (2005) によって示されている.

多標本レページ型検定 (multisample Lepage-type test)

$$\mathrm{TS}_4 = H + MK.$$

検定統計量 TS_4 は，多標本アンサリー–ブラッドレー検定を多標本ムード検定で置き換えたレページ型検定である．また，検定統計量 TS_4 の漸近効率が，様々な分布において検定統計量 TS_5 より高くなることが Rublík (2007) によって示されている．また，この統計量の極限分布も自由度 $2(k-1)$ の χ^2 に従う．

多標本メディアン検定 (multisample median test)

$$\mathrm{TS}_5 = 4 \sum_{i=1}^{k} \frac{1}{n_i} A_i^2 - N,$$

ただし，

$$A_i = \sum_{j=1}^{n_i} \frac{1}{2} \left[\mathrm{sgn}\left(R_{ij} - \frac{1}{2}(N+1)\right) + 1 \right]$$

である．

検定統計量 TS_5 は分布関数に両側指数分布が仮定された場合，漸近的に最適な検定となる．また，A_j から 0.5 を引いた式が Mood (1950) や Brown and Mood (1950) によって与えられている．

しかしながら，多標本メディアン検定はクラスカル–ウォリス検定より情報が落ちるため，検出力が低くなる．また，正規分布を仮定した場合にクラスカル–ウォリス検定に対する漸近相対効率は 2/3 となる．

多標本バウムガートナー検定 (multisample Baumgartner test)

$$\mathrm{TS}_6 = \frac{k-1}{k} \sum_{i=1}^{k} \left\{ \frac{1}{n_i} \sum_{j=1}^{n_i} \frac{\left(R_{ij} - \frac{N+1}{n_i+1}j\right)^2}{\frac{j}{n_i+1}\left(1 - \frac{j}{n_i+1}\right)\frac{(N-n_i)(N+1)}{n_i+2}} \right\}.$$

分布の同等性検定として有用であり，多標本コルモゴロフ–スミルノフ検定や多標本クラメール–フォン・ミーゼス検定よりも検出力が高くなることがシミュレーションによって示されており (Murakami, 2006)，近似分布が Murakami et al. (2009) によって与えられている．

5.2　2元配置分散分析

本節では, k 個の処理を B 個のブロックに分けて実施するとき, 処理に違いがあるか検定する方法について述べる. まずはじめに, 次のような確率標本 X_{ij}, $i = 1, \ldots, B, j = 1, \ldots, k$, について考える.

表 5.3　確率標本

ブロック	処理				
	1	2	3	$\cdots$	k
1	X_{11}	X_{12}	X_{13}	$\cdots$	X_{1k}
2	X_{21}	X_{22}	X_{23}	$\cdots$	X_{2k}
$\vdots$	$\vdots$	$\vdots$	$\vdots$		$\vdots$
B	X_{B1}	X_{B2}	X_{B3}	$\cdots$	X_{Bk}

同一ブロックの $X_{i1}, X_{i2}, \ldots, X_{ik}$ は独立ではなくてもよいが, どの 2 つを取り出しても等しい相関を持ち, 相異なるブロックに属する X_{ij} と X_{st} は互いに独立であることを仮定する. 上記の仮定を前提に, 以下の項で具体的な多標本検定統計量について考えていく.

5.2.1　フリードマン検定

$X_{ij}, i = 1, \ldots, B, j = 1, \ldots, k$ を分布関数 $F_i(x - \Delta_i)$ から得られる確率標本とする. ただし, 分布関数には連続性だけが仮定され, それ以外は未知なものとする. このとき,

$$H_0 : \Delta_1 = \Delta_2 = \cdots = \Delta_k,$$
$$H_1^\ell : H_0 \text{ が成り立たない}$$

について考える.

ここで, 第 i ブロックの標本を小さい方から大きさの順に並べ替え, R_{ij} を X_{ij} の順位とすると, 表 5.3 は

5.2 2元配置分散分析

ブロック	処理					合計
	1	2	3	⋯	k	
1	R_{11}	R_{12}	R_{13}	⋯	R_{1k}	$k(k+1)/2$
2	R_{21}	R_{22}	R_{23}	⋯	R_{2k}	$k(k+1)/2$
⋮	⋮	⋮	⋮		⋮	⋮
B	R_{B1}	R_{B2}	R_{B3}	⋯	R_{Bk}	$k(k+1)/2$
合計	R_1	R_2	R_3	⋯	R_k	$Bk(k+1)/2$

によって与えられる. ただし,

$$R_j = \sum_{i=1}^{B} R_{ij}$$

であり, 各ブロックの合計は

$$\sum_{j=1}^{k} R_{ij} = \sum_{j=1}^{k} j = \frac{k(k+1)}{2}$$

となる. また, 帰無仮説の下で,

$$\mathrm{E}(R_j) = \frac{B(k+1)}{2}, \quad \mathrm{V}(R_j) = \frac{B(k^2-1)}{12}, \quad \mathrm{cov}(R_i, R_\ell) = -\frac{B(k+1)}{12}$$

となる. このとき, Friedman (1937) は, 検定統計量

$$\mathrm{FT} = \frac{12}{Bk(k+1)} \sum_{j=1}^{k} \left(R_j - \frac{B(k+1)}{2} \right)^2 = \frac{12}{Bk(k+1)} \sum_{j=1}^{k} R_j^2 - 3B(k+1)$$

を提案した. この検定統計量 FT は, フリードマン検定 (Friedman test) として広く知られている.

ここで,

$$\mathrm{FTA}_j = \sqrt{\frac{12}{Bk(k+1)}} \left(R_j - \frac{B(k+1)}{2} \right)$$

とすると,

$$\mathrm{E}(\mathrm{FTA}_j) = 0, \quad \mathrm{V}(\mathrm{FTA}_j) = 1 - \frac{1}{k}, \quad \mathrm{cov}(\mathrm{FTA}_i, \mathrm{FTA}_\ell) = -\frac{1}{k} \quad (i \neq \ell)$$

かつ $\mathrm{FT} = \sum \mathrm{FTA}_j^2$ となる.

このことから, R_j は互いに独立な B 個の確率変数の和となるので, 漸近的に

正規分布に従う．また，$\text{FTA}_1, \text{FTA}_2, \text{FTA}_3, \ldots, \text{FTA}_k$ は多次元正規分布に従うが，$\sum \text{FTA}_j = 0$ より，$B \to \infty$ のとき，帰無仮説の下で自由度 $k-1$ の χ^2 分布に従う．ブロック数および処理の個数が小さい場合には，k および B ごとに棄却点が数表化されている (Hollander and Wolfe, 1999)．

もし，ブロック B の順位が完全に一致すると $R_1, R_2, R_3, \ldots, R_k$ は $B, 2B, 3B, \ldots, kB$ の順位の1つとなることから

$$\text{FT} = \frac{12}{Bk(k+1)} \sum_{j=1}^{k} (Bj)^2 - 3B(k+1) = B(k-1)$$

となる．ここで

$$K = \frac{\text{FT}}{B(K-1)}, \quad 0 \leq K \leq 1$$

とすると，$K=0$ のとき，ブロック B の順位は全く一致しない．逆に，$K=1$ のときは，ブロック B の順位は完全一致する．この K をケンドールの一致係数 (Kendall's coefficient of concordance) という．また，詳しい説明は省略するが，フリードマン検定の F 検定に対する漸近相対効率は，ウィルコクソン検定と同様に

$$\frac{k}{k+1} 12\sigma^2 \left(\int_{-\infty}^{\infty} f^2(x) dx \right)^2$$

によって与えられる．

例題 腎臓疾患のある 10 人の患者に対して，4 つの異なる実験室によってクレアチニンレベルが決められたデータが，Desu and Raghavarao (2004) によって与えられている．

実験室	被験者									
	1	2	3	4	5	6	7	8	9	10
実験室 A	2.8	1.7	3.1	3.5	2.7	3.2	2.5	1.9	2.7	3.1
実験室 B	2.6	1.8	3.0	3.6	2.9	3.0	2.6	2.0	2.9	3.8
実験室 C	2.7	1.9	3.2	3.4	2.8	2.9	2.9	2.2	3.0	3.0
実験室 D	2.9	1.6	2.8	3.7	2.6	3.1	2.8	2.1	2.8	2.9

上記の表に対して，各被験者について実験室ごとに順位を付けると以下の表が得られる．

5.2 2元配置分散分析

実験室	被験者										合計
	1	2	3	4	5	6	7	8	9	10	
実験室 A	3	2	3	2	2	4	1	1	1	3	22
実験室 B	1	3	2	3	4	2	2	2	3	4	26
実験室 C	2	4	4	1	3	1	4	4	4	2	29
実験室 D	4	1	1	4	1	3	3	3	2	1	23

したがって, $B=10, k=4, R_1=22, R_2=26, R_3=29, R_4=23$ より,

$$\text{FT} = \frac{12}{10\cdot 4\cdot 5}\left(22^2+26^2+29^2+23^2\right) - 3\cdot 10\cdot 5 = 1.8$$

を得る. $\Pr(\text{FT} \geq 1.8) \approx 0.6149$ となることから, 帰無仮説を棄却することはできない.

5.2.2 ページ検定

$X_{ij}, i=1,\ldots,B, j=1,\ldots,k$ を分布関数 $F_i(x-\Delta_i)$ から得られる確率標本とする. ただし, 分布関数には連続性だけが仮定され, それ以外は未知なものとする. このとき,

$H_0 : \Delta_1 = \Delta_2 = \cdots = \Delta_k,$
$H_1^{\ell+} : \Delta_1 \leq \Delta_2 \leq \cdots \leq \Delta_k \quad (H_1^{\ell-} : \Delta_1 \geq \Delta_2 \geq \cdots \geq \Delta_k)$

について考える. ただし, 少なくとも1つは不等号が成立するとする.

ここで, 第 i ブロックの標本を小さい方から大きさの順に並べ替え, R_{ij} を X_{ij} の順位とすると, フリードマン検定と同様に, 表 5.3 は

ブロック	処理					合計
	1	2	3	$\cdots$	k	
1	R_{11}	R_{12}	R_{13}	$\cdots$	R_{1k}	$k(k+1)/2$
2	R_{21}	R_{22}	R_{23}	$\cdots$	R_{2k}	$k(k+1)/2$
$\vdots$	$\vdots$	$\vdots$	$\vdots$		$\vdots$	$\vdots$
B	R_{B1}	R_{B2}	R_{B3}	$\cdots$	R_{Bk}	$k(k+1)/2$
合計	R_1	R_2	R_3	$\cdots$	R_k	$Bk(k+1)/2$

によって与えられる. このとき, Page (1963) は検定統計量

$$\text{PS} = \sum_{j=1}^{k}\sum_{i=1}^{B} jR_{ij}$$

を提案した．この検定統計量はページ検定 (Page test) として知られている．

また，帰無仮説の下で，検定統計量 PS の平均および分散は
$$\mathrm{E(PS)} = \frac{Bk(k+1)^2}{4}, \quad \mathrm{V(PS)} = \frac{Bk^2(k^2-1)(k+1)}{144}$$
によって与えられる．また，ページ検定の正確な棄却点は Page (1963) によって数表化されている．B と k が大きい場合，ページ検定は
$$\mathrm{PS}^* = \frac{12\left(\mathrm{PS} - \frac{Bk(k+1)^2}{4}\right)}{k(k+1)\sqrt{B(k-1)}}$$
と正規近似することが可能である．

文献によって，ページ検定は
$$\widetilde{\mathrm{PS}} = \frac{1}{\sqrt{B}} \sum_{j=1}^{k} \left(j - \frac{k+1}{2}\right) \left(\sum_{i=1}^{B} R_{ij} - \frac{B(k+1)}{2}\right)$$
によって与えられているが，本質的には同じことである．ただし，$\widetilde{\mathrm{PS}}$ の平均と分散は
$$\mathrm{E}(\widetilde{\mathrm{PS}}) = 0, \quad \widetilde{\mathrm{PS}} = \frac{Bk^2(k^2-1)(k+1)}{144}$$
となる．

例題 Desu and Raghavarao (2004) によって与えられた腎臓疾患のデータに対してページ検定を行う．先ほどのフリードマン検定の例題で用いた表より，各被験者について実験室ごとに順位を付けると以下の表が得られる．

実験室	被験者										合計
	1	2	3	4	5	6	7	8	9	10	
実験室 A	3	2	3	2	2	4	1	1	1	3	22
実験室 B	1	3	2	3	4	2	2	2	3	4	26
実験室 C	2	4	4	1	3	1	4	4	4	2	29
実験室 D	4	1	1	4	1	3	3	3	2	1	23

したがって，$B=10$，$k=4$，$R_1=22$，$R_2=26$，$R_3=29$，$R_4=23$ より，
$$\mathrm{PS} = 1\times 22 + 2\times 26 + 3\times 29 + 4\times 23 = 253,$$
$$\mathrm{PS}^* = \frac{12(253-250)}{109.5445} \approx 0.3286$$
を得ることから，帰無仮説を棄却することはできない．

Chapter 6

漸近相対効率

前章までに述べたノンパラメトリック検定統計量の多くは順位データしか用いないため, データからの情報を十分に活用できていないので検出力が低くなるという懸念もあった. しかしながら, ノンパラメトリック検定統計量の妥当性や良さを示す指標の1つである漸近相対効率によって, 順位和検定の検出力が大変高いことを示すことができることから, 前述の懸念を払拭できるのである. 本章では, 漸近 (相対) 効率の基本概念を紹介し, 具体的な検定統計量に対して漸近 (相対) 効率を導出することで, 漸近相対効率の理解を深めることを目的とする.

6.1 はじめに

ノンパラメトリック検定 (順位和検定) は観測値そのものに依存しないため, 分布を仮定することなく検定を行う利点があった. その半面, 順位データしか用いないため, データからの情報を十分に活用できておらず検出力が低くなるのではないか？という懸念もある. しかしながら, 本章で述べる漸近相対効率によって, 順位和検定の検出力が大変高いことを示すことができるのである. 後の節で詳しく記載するが, $F_2(x) = F_1(x - \Delta)$ を検定する場合, 分布関数 F に正規分布が仮定されるとき, t 検定が最も検出力が高くなる検定統計量であるが, その t 検定に対するウィルコクソン順位和検定の漸近相対効率が 95.5% となる. つまり, t 検定の代わりにウィルコクソン順位和検定を用いても, 5% の効率を失うだけである. 言い換えれば, 合計 100 個のデータを用いて t 検定を行うとき, ウィルコクソン順位和検定の検出力が t 検定と同等になるためには, 合計 105 個のデータがあればよいことになる. また, 正規分布以外の多くの分布に対して, 漸近相対効率が 100% 以上であることが知られている. さらに, t 検

定に対する正規スコア検定の漸近相対効率は, 分布関数 F に正規分布が仮定されるときに 100% となる. しかも, 分布関数 F が正規分布以外のどんな分布であっても, t 検定に対する漸近相対効率は 100% 以上となることが知られている. このような事実から, 順位データを用いているために検出力が悪くなるという懸念を払拭できるのである. 次節からは漸近効率の説明および具体的な検定統計量の漸近相対効率を導出していく.

6.2 漸近相対効率

本節では, 漸近相対効率の基本的概念および定義について述べる. まず, 2つの線形順位検定を $T_N(Z)$ と $T_N^*(Z)$ とする. また, 対立仮説のパラメータ Δ に対する検出力関数を, それぞれ $\psi(\Delta)$ と $\psi^*(\Delta)$ とする. ただし, Δ_0 は帰無仮説を表すものとする. ここで, $T_N(Z)$ と $T_N^*(Z)$ の有意水準 α は等しいものと仮定する.

このとき,
$$\lim_{N \to \infty} \psi(\Delta_N) = \lim_{N \to \infty} \psi^*(\Delta_N)$$
ならば, $T_N^*(Z)$ に対する $T_N(Z)$ の漸近相対効率は
$$\mathrm{ARE}(T_N(Z), T_N^*(Z)) = \lim_{N \to \infty} \frac{N^*}{N}$$
によって与えられる. 例えば, $\lim_{N \to \infty} N^*/N = 0.95$ ならば, $T_N^*(Z)$ 検定が 95 個のデータで得ることのできる検出力と同等の検出力を得るためには, $T_N(Z)$ 検定では 100 個のデータが必要であると言える.

ここで, 検定統計量 $T_N(Z)$ に対して次の仮定が成り立つこととする.

(A1)
$$d\mathrm{E}(T_N(Z))/d\Delta$$
が存在し, かつ $\Delta = 0$ で連続である. また,
$$d^r \mathrm{E}(T_N(Z))/d\Delta^r, \ r = 2, 3, \ldots$$
は Δ_0 において 0 となる.

(A2)
$$\lim_{N\to\infty} \frac{d\mathrm{E}(T_N(Z))/d\Delta|_{\Delta=\Delta_0}}{\sqrt{N}\sigma(T_N(Z))|_{\Delta=\Delta_0}} = C$$

となる定数 C が存在する．ただし $\sigma(T_N(Z))$ は $T_N(Z)$ の標準偏差である．

(A3) 次の条件を満たす対立仮説の系列 $\{\Delta_N\}$ が存在する．
$$\Delta_N = \Delta_0 + \frac{\delta}{\sqrt{N}}, \quad \delta > 0,$$
$$\lim_{N\to\infty} \frac{d\mathrm{E}(T_N(Z))/d\Delta|_{\Delta=\Delta_N}}{d\mathrm{E}(T_N(Z))/d\Delta|_{\Delta=\Delta_0}} = 1,$$
$$\lim_{N\to\infty} \frac{\sigma(T_N(Z))|_{\Delta=\Delta_N}}{\sigma(T_N(Z))|_{\Delta=\Delta_0}} = 1.$$

(A4)
$$\lim_{N\to\infty} \mathrm{Pr}_\Delta\left(\frac{T_N(Z) - \mathrm{E}(T_N(Z))|_{\Delta=\Delta_N}}{\sigma(T_N(Z))|_{\Delta=\Delta_0}} \le x\right) = \Phi(x)$$

が成立し，$\Delta = 0$ の近傍で一様である．

(A5)
$$\lim_{N\to\infty} \mathrm{Pr}(T_N(Z) \le t_{N,\alpha}; \Delta = \Delta_0) = \alpha, \quad 0 < \alpha < 1.$$

この $T_N(Z)$ が線形順位統計量であるということと，(A1) 〜 (A5) は無関係である．同様に，検定統計量 $T_N^*(Z)$ にも適用可能である．この仮定が満たされていれば，対立仮説の系列 $\{\Delta_N\}$ に対する線形順位統計量の漸近検出力は

$$\lim_{N\to\infty} \mathrm{Pr}\left(\frac{T_N(Z) - \mathrm{E}(T_N(Z))|_{\Delta=\Delta_N}}{\sigma(T_N(Z))|_{\Delta=\Delta_0}} \ge \frac{t_{N,\alpha} - \mathrm{E}(T_N(Z))|_{\Delta=\Delta_N}}{\sigma(T_N(Z))|_{\Delta=\Delta_0}}\right)$$
$$= 1 - \Phi(x_\alpha - \delta C)$$

によって与えられる．ただし，x_α は $1 - \Phi(x_\alpha) = \alpha$ を満たすものとする．

定理 6.1 (漸近相対効率)　検定統計量 $T_N(Z)$ と $T_N^*(Z)$ は，上記の仮定 (A1) 〜 (A5) を満たす検定統計量とする．このとき，**漸近相対効率** (asymptotic relative efficiency) は

$$\mathrm{ARE}(T_N(Z), T_N^*(Z)) = \lim_{n\to\infty} \frac{e(T_N(Z))}{e(T_N^*(Z))}$$

で与えられる．ただし

$$e(T_N(Z)) = \frac{\left[\frac{d\mathrm{E}(T_N(Z))}{d\Delta}\right]^2\Big|_{\Delta=\Delta_0}}{\sigma^2(T_N(Z))|_{\Delta=\Delta_0}}, \quad e(T_N^*(Z)) = \frac{\left[\frac{d\mathrm{E}(T_N^*(Z))}{d\Delta}\right]^2\Big|_{\Delta=\Delta_0}}{\sigma^2(T_N^*(Z))|_{\Delta=\Delta_0}}$$

である．

6.3 位置母数の検定：2 標本検定問題

本節では，2 標本検定問題における位置母数の検定統計量の漸近相対効率について述べる．$X_1 = (X_{11}, X_{12}, \ldots, X_{1n_1})$ を分布関数 $F_1(x)$ を持つ母集団からの確率標本，$X_2 = (X_{21}, X_{22}, \ldots, X_{2n_2})$ を分布関数 $F_2(x)$ を持つ母集団からの確率標本とする．このとき，$F_2(x) = F_1(x - \Delta)$ とするとき，帰無仮説

$$H_0 : \Delta = 0$$

に対して，対立仮説は

$$H_1^\ell : \Delta \neq 0$$

となる．

このとき，2 標本 t 検定は

$$\begin{aligned}T_{n_1n_2}^* &= \sqrt{\frac{n_1 n_2}{n_1 + n_2}} \left(\frac{\overline{X}_2 - \overline{X}_1}{S_{n_1+n_2}} \right) \\ &= \sqrt{\frac{n_1 n_2}{n_1 + n_2}} \left(\frac{\overline{X}_2 - \overline{X}_1 - \Delta}{\sigma} + \frac{\Delta}{\sigma} \right) \frac{\sigma}{S_{n_1+n_2}}\end{aligned}$$

で与えられる．ただし，

$$S_{n_1+n_2}^2 = \frac{1}{n_1 + n_2 - 2}\left\{\sum_{i=1}^{n_1}(X_{1i} - \overline{X}_1)^2 + \sum_{i=1}^{n_2}(X_{2i} - \overline{X}_2)^2\right\}$$

である．ここで，$n \to \infty$ のとき，$S_{n_1+n_2}/\sigma$ は 1 に近づく．また，

$$\mathrm{E}(T_{n_1n_2}^*) = \frac{\Delta}{\sigma}\sqrt{\frac{n_1 n_2}{n_1 + n_2}}, \quad \mathrm{V}(T_{n_1n_2}^*) = \frac{n_1 n_2}{n_1 + n_2} \cdot \frac{\frac{\sigma^2}{n_1} + \frac{\sigma^2}{n_2}}{\sigma^2} = 1$$

である．よって，

$$\frac{d}{d\Delta}\mathrm{E}(T^*_{n_1 n_2}) = \frac{1}{\sigma}\sqrt{\frac{n_1 n_2}{n_1 + n_2}}$$

より

$$e(T^*_{n_1 n_2}) = \frac{n_1 n_2}{\sigma^2(n_1 + n_2)}$$

を得る．

6.3.1 マン-ホイットニー検定の漸近相対効率

本項では，マン-ホイットニー検定 (ウィルコクソン順位和検定) の漸近相対効率について考える．第 5 章より，マン-ホイットニー検定の期待値は

$$\begin{aligned}\mathrm{E(MW)} &= n_1 n_2 \mathrm{P}(X_2 < X_1) \\ &= n_1 n_2 \mathrm{P}(X_2 - X_1 < 0) \\ &= n_1 n_2 p\end{aligned}$$

と与えられた．ただし，

$$\begin{aligned}p = \mathrm{P}(X_2 < X_1) &= \int_{-\infty}^{\infty}\int_{-\infty}^{x} f_1(x)f_2(y)dydx \\ &= \int_{-\infty}^{\infty} F_2(x)f_1(x)dx \\ &= \int_{-\infty}^{\infty} F_1(x - \Delta)f_1(x)dx\end{aligned}$$

であった．したがって，

$$\begin{aligned}\left.\frac{d\mathrm{E(MW)}}{d\Delta}\right|_{\Delta=0} &= n_1 n_2 \left.\frac{dp}{d\Delta}\right|_{\Delta=0} \\ &= -n_1 n_2 \int f_1^2(x)dx\end{aligned}$$

を得る．また，帰無仮説の下で，$p = 0.5$,

$$\mathrm{V(MW)} = \frac{1}{12}n_1 n_2 (N+1)$$

より

$$e(\mathrm{MW}) = \frac{12 n_1 n_2}{N+1}\left[\int_{-\infty}^{\infty} f_1^2(x)dx\right]^2$$

を得る.

例題 確率密度関数 $f_1(x)$ に正規分布が仮定される場合,

$$\int_{-\infty}^{\infty} f_1^2(x)dx = \int_{-\infty}^{\infty} \frac{1}{2\pi\sigma^2} \exp\left(-\frac{\{x-\mu_1\}^2}{\sigma^2}\right) dx$$

$$= \frac{1}{\sqrt{2\pi\sigma^2}}\sqrt{\frac{1}{2}} = \frac{1}{2\sqrt{\pi}\sigma}$$

となる. よって,

$$e(T^*_{n_1n_2}) = \frac{n_1n_2}{\sigma^2(n_1+n_2)}, \quad e(\text{MW}) = \frac{3n_1n_2}{\pi\sigma^2(n_1+n_2+1)}$$

より

$$\text{ARE}(\text{MW}, T^*_{n_1n_2}) = \frac{3}{\pi} \approx 0.9549$$

となる.

マン-ホイットニー検定とウィルコクソン順位和検定は本質的に同じなので, t 検定に対するウィルコクソン順位和検定の漸近相対効率も同じである.

例題 次の表は, 様々な分布に対して, t 検定に対するマン-ホイットニー検定 (ウィルコクソン順位和検定) の漸近相対効率を表したものである.

正規分布	一様分布	両側指数分布	ロジスティック分布
0.9549	1.0000	1.5000	1.0966
指数分布	対数正規分布	ガンベル分布	三角分布
3.0000	7.3537	1.2337	0.8889

また, Hodges and Lehmann (1956) は, 確率密度関数が

$$f(x) = \frac{3\sqrt{5}(5-x^2)}{100}, \quad x^2 \leq 5$$

で与えられるとき, t 検定に対するウィルコクソン順位和検定の漸近相対効率が最小値 0.864 をとることを示した.

ちなみに, t 検定に対する一般の線形順位検定のピットマン漸近相対効率は,

$$\frac{\sigma^2}{\sigma_0^2}\left[\int_{-\infty}^{\infty} J'[F(x)]f(x)^2 dx\right]^2$$

で与えられる. ただし,
$$\sigma_0^2 = \int_0^1 J^2(u)du - \left(\int_0^1 J(u)du\right)^2$$
であり, σ^2 は分布関数 F の分散である.

6.3.2　正規スコア検定の漸近相対効率

本項では, 正規スコア検定の漸近相対効率について考える. 正規スコア検定のスコア関数は
$$a_i = \Phi^{-1}\left(\frac{i}{N+1}\right) = \Phi^{-1}\left(\frac{i}{N}\frac{N}{N+1}\right) = J_N\left(\frac{i}{N}\right)$$
によって与えられる. ここで, (4.6) 式
$$H(x) = \lambda_N F_1(x) + (1 - \lambda_N) F_1(x - \Delta)$$
を用いると,
$$J[H(x)] = \lim_{N \to \infty} J_N[H(x)] = \Phi^{-1}(\lambda_N F_1(x) + \{1 - \lambda_N\} F_1(x - \Delta))$$
となる. また, (4.7) 式を用いることで
$$\mu_N = \int_{-\infty}^{\infty} \Phi^{-1}(\lambda_N F_1(x) + \{1 - \lambda_N\} F_1(x - \Delta)) f_1(x) dx$$
を得る. ここで,
$$\Phi^{-1}[g(\Delta)] = y \quad \text{ならば} \quad g(\Delta) = \Phi(y)$$
という関係に注意すると,
$$\frac{dg(\Delta)}{d\Delta} = \phi(y)\frac{dy}{d\Delta}$$
を得る. それゆえ,
$$\left.\frac{d\mu_N}{d\Delta}\right|_{\Delta=0} = \int_{-\infty}^{\infty} \frac{-(1-\lambda_N)f_1^2(x)}{\phi(\Phi^{-1}[F_1(x)])} dx$$
となる. したがって, $\Delta = 0$ のとき

$$N\lambda_N \sigma_N^2 = (1-\lambda_N)\left\{\int_0^1 [\Phi^{-1}(u)]^2 du - \left[\int_0^1 \Phi^{-1}(u)du\right]^2\right\}$$
$$= (1-\lambda_N)\left\{\int_{-\infty}^{\infty} x^2 \phi(x)dx - \left[\int_{-\infty}^{\infty} x\phi(x)dx\right]^2\right\}$$
$$= 1-\lambda_N$$

が導出される.

例題 確率密度関数 $f_1(x)$ に正規分布が仮定される場合,

$$\left.\frac{d\mu_N}{d\Delta}\right|_{\Delta=0} = -\frac{1-\lambda_N}{\sigma}$$

となることから,

$$e(\mathrm{NS}) = \frac{N\lambda_N(1-\lambda_N)}{\sigma^2} = \frac{n_1 n_2}{N\sigma^2}$$

となる.これは,t 検定の漸近効率そのものである.

例題 次の表は,様々な分布に対して,t 検定に対する正規スコア検定の漸近相対効率を表したものである.

正規分布	一様分布	両側指数分布	ロジスティック分布
1.0000	*	1.2732	1.0472
指数分布	対数正規分布	ガンベル分布	三角分布
*	12.697	1.3419	1.1332

一様分布,指数分布に対する漸近相対効率は,積分が存在しないため求めることができない.

6.3.3 修正型ウィルコクソン順位和検定の漸近効率

本項では,Tamura (1963) によって提案された修正型ウィルコクソン順位和検定

$$\mathrm{TRL} = T_N(Z) = \sum_{i=1}^{N}\left(\frac{i}{N}\right)^k Z_i, \quad k \in \mathbb{R}^+$$

の漸近効率について考える.上記の式より,検定統計量 TRL のスコア関数は

6.3 位置母数の検定:2標本検定問題

$$a_i = \left(\frac{i}{N}\right)^k = J_N\left(\frac{i}{N}\right)$$

となる．したがって，

$$\lim_{N \to \infty} J_N[H(x)] = H(x)^k$$

を得る．ここで，

$$\mu_N = \int_{-\infty}^{\infty} \{\lambda_N F_1(x) + (1-\lambda_N)F_1(x-\Delta)\}^k f_1(x)dx$$

より

$$\left.\frac{d\mu_N}{d\Delta}\right|_{\Delta=0} = k(1-\lambda_N)\int_{-\infty}^{\infty} F_1(x)^{k-1}f_1(x)^2 dx$$

および

$$N\lambda_N\sigma_N^2 = \frac{(1-\lambda_N)k^2}{(2k+1)(k+1)^2}$$

が導かれる．したがって，修正型ウィルコクソン検定漸近効率は

$$e(\text{TRL}) = (2k+1)(k+1)^2\left\{\int_{-\infty}^{\infty} f_1(x)^2 F_1(x)^{k-1}dx\right\}^2$$

によって求めることができる．

例題 次の表は，様々な分布に対して，修正型ウィルコクソン検定の漸近効率を表したものである．

	漸近効率						
k	0.6	0.7	0.8	0.9	1	1.5	2
正規分布	0.954	0.957	0.958	0.957	0.955	0.930	0.895
一様分布	1.304	1.180	1.097	1.040	1.000	0.926	0.938
両側指数分布	1.415	1.448	1.472	1.489	1.500	1.486	1.406
ロジスティック分布	1.071	1.083	1.091	1.095	1.097	1.074	1.028
指数分布	6.111	4.788	4.063	3.457	3.000	1.778	1.250
対数正規分布	11.784	10.357	9.176	8.188	7.354	4.641	3.217
ガンベル分布	1.083	1.127	1.166	1.202	1.234	1.354	1.428
三角分布	0.916	0.908	0.901	0.895	0.889	0.861	0.833

6.4　尺度母数の検定：2標本検定問題

本節では，2標本検定問題における尺度母数の検定統計量の漸近相対効率について述べる．$X_1 = (X_{11}, X_{12}, \ldots, X_{1n_1})$ を分布関数 $F_1(x)$ を持つ母集団からの確率標本，$X_2 = (X_{21}, X_{22}, \ldots, X_{2n_2})$ を分布関数 $F_2(x)$ を持つ母集団からの確率標本とする．このとき，$F_2(x) = F_1(\Delta x)$ とするとき，帰無仮説

$$H_0 : \Delta = 1$$

に対して，対立仮説は

$$H_1^\ell : \Delta \neq 1$$

となる．

このとき，尺度母数に対するパラメトリック検定は

$$T^*_{n_1 n_2} = \frac{(n_2 - 1)\sum_{i=1}^{n_1}(X_{1i} - \overline{X}_1)^2}{(n_1 - 1)\sum_{i=1}^{n_2}(X_{2i} - \overline{X}_2)^2}$$

で与えられる．
$V(X_2) = \Delta^2 V(X_1)$ かつ X_1 と X_2 は独立なので，

$$\begin{aligned}
\mathrm{E}(T^*_{n_1 n_2}) &= \frac{1}{n_1 - 1}\mathrm{E}\left[\sum_{i=1}^{n_1}(X_{1i} - \overline{X}_1)^2\right]\mathrm{E}\left[\frac{n_2 - 1}{\sum_{i=1}^{n_2}(X_{2i} - \overline{X}_2)^2}\right] \\
&= (n_2 - 1)V(X_1)\mathrm{E}\left[\frac{1}{\sum_{i=1}^{n_2}(X_{2i} - \overline{X}_2)^2}\right] \\
&= (n_2 - 1)\Delta^2 \mathrm{E}\left[\frac{V(X_2)}{\sum_{i=1}^{n_2}(X_{2i} - \overline{X}_2)^2}\right] \\
&= (n_2 - 1)\Delta^2 \mathrm{E}\left(\frac{1}{\xi}\right)
\end{aligned}$$

となる．したがって，ξ は分布関数 $F_2(x)$ に依存するが，分布関数 $F_2(x)$ に正規分布が仮定される場合，正規理論の枠組みにおいては，ξ の分布は自由度 $n_2 - 1$ の χ^2 分布となるので，

6.4 尺度母数の検定：2標本検定問題

$$\mathrm{E}\left(\frac{1}{\xi}\right) = \frac{1}{\Gamma\left[\frac{n_2-1}{2}\right] 2^{(n_2-1)/2}} \int_0^\infty \frac{1}{x} \exp\left(-\frac{x}{2}\right) x^{[(n_2-1)/2]-1} dx$$

$$= \frac{\Gamma\left[\frac{n_2-3}{2}\right]}{2\Gamma\left[\frac{n_2-1}{2}\right]} = \frac{1}{n_2 - 3}$$

を得る. したがって,

$$\mathrm{E}(T^*_{n_1 n_2}) = \frac{(n_2-1)\Delta^2}{n_2-3},$$

$$\left.\frac{d}{d\Delta}\mathrm{E}(T^*_{n_1 n_2})\right|_{\Delta=1} = \frac{2(n_2-1)}{n_2-3}$$

を得る.

帰無仮説の下で, $T^*_{n_1 n_2}$ は自由度 (n_1-1, n_2-1) の F 分布に従うので,

$$\mathrm{V}(T^*_{n_1 n_2})|_{\Delta=1} = \frac{2(n_2-1)^2(N-4)}{(n_1-1)(n_2-5)(n_2-3)^2}$$

となる.

確率密度関数 $f_1(x)$ に正規分布が仮定される場合,

$$e(T^*_{n_1 n_2}) = \frac{2(n_1-1)(n_2-5)}{N-4} \approx \frac{2n_1 n_2}{N} = 2N\lambda_N(1-\lambda_N)$$

となる.

6.4.1 ムード検定の漸近相対効率

本項では, ムード検定の漸近相対効率について考える. まず, ムード検定を

$$\mathrm{MO}^* = \frac{1}{N^2}\mathrm{MO} = \sum_{i=1}^{N}\left(\frac{i}{N} - \frac{N+1}{2N}\right)^2 Z_i$$

と書き直す. すなわち, ムード検定のスコア関数は

$$a_i = \left(\frac{i}{N} - \frac{N+1}{2N}\right)^2 = \left(\frac{i}{N} - \frac{1}{2} - \frac{1}{2N}\right)^2 = J_N\left(\frac{i}{N}\right)$$

によって与えられる. したがって,

$$\lim_{N\to\infty} J_N[H(x)] = \left(H(x) - \frac{1}{2}\right)^2$$

となる. ここで,

$$\mu_N = \int_{-\infty}^{\infty} \left(\lambda_N F_1(x) + \{1-\lambda_N\}F_1(\Delta x) - \frac{1}{2}\right)^2 f_1(x)dx$$

より

$$\left.\frac{d\mu_N}{d\Delta}\right|_{\Delta=1} = 2(1-\lambda_N)\int_{-\infty}^{\infty} x\left(F_1(x) - \frac{1}{2}\right)f_1(x)^2 dx$$

および

$$N\lambda_N \sigma_N^2 = (1-\lambda_N)\left\{\int_0^1 (u-1/2)^4 du - \left[\int_0^1 (u-1/2)^2 du\right]^2\right\}$$
$$= \frac{1-\lambda_N}{180}$$

が導かれる.したがって,ムード検定の漸近効率は,

$$e(\mathrm{MO}^*) = 720N\lambda_N(1-\lambda_N)\left\{\int_{-\infty}^{\infty} x\left(F_1(x) - \frac{1}{2}\right)f_1(x)^2 dx\right\}^2$$

によって求めることができる.

例題 確率密度関数 $f_1(x)$ に正規分布が仮定される場合,

$$e(\mathrm{MO}^*) = \frac{15N\lambda_N(1-\lambda_N)}{\pi^2}$$

となる.したがって,$T^*_{n_1 n_2}$ に対するムード検定の漸近相対効率

$$\mathrm{ARE}(\mathrm{MO}^*, T^*_{n_1 n_2}) = \frac{15}{2\pi^2} \approx 0.7599$$

を得る.

例題 次の表は,様々な分布におけるムード検定の漸近効率を表したものである.

正規分布	一様分布	両側指数分布	ロジスティック分布
1.5198	1.0000	1.5000	1.2500
指数分布	対数正規分布	ガンベル分布	三角分布
3.0000	7.3537	1.2337	0.8889

6.4.2 アンサリー−ブラッドレー検定の漸近相対効率

本項では，アンサリー−ブラッドレー検定の漸近相対効率について考える．まず，アンサリー−ブラッドレー検定を

$$\mathrm{AB}^* = \frac{1}{N+1}\mathrm{AB} = \sum_{i=1}^{N}\left|\frac{i}{N+1} - \frac{1}{2}\right|Z_i$$

と書き直す．すなわち，アンサリー−ブラッドレー検定のスコア関数は

$$a_i = \left|\frac{i}{N+1} - \frac{1}{2}\right| = \frac{N}{N+1}\left|\frac{i}{N} - \frac{1}{2} - \frac{1}{2N}\right| = J_N\left(\frac{i}{N}\right)$$

と表すことができる．したがって，

$$\lim_{N\to\infty} J_N[H(x)] = \left|H(x) - \frac{1}{2}\right|$$

となる．ここで，

$$\mu_N = \int_{-\infty}^{\infty}\left|\lambda_N F_1(x) + \{1 - \lambda_N\}F_1(\Delta x) - \frac{1}{2}\right|f_1(x)dx$$

より

$$\left.\frac{d\mu_N}{d\Delta}\right|_{\Delta=1} = (1 - \lambda_N)\int_{-\infty}^{\infty}|x|f_1(x)^2 dx$$

および

$$N\lambda_N \sigma_N^2 = (1 - \lambda_N)\left\{\int_0^1\left|u - \frac{1}{2}\right|^2 du - \left[\int_0^1\left|u - \frac{1}{2}\right|du\right]^2\right\} = \frac{1 - \lambda_N}{48}$$

が導出される．

例題 確率密度関数 $f_1(x)$ に正規分布が仮定される場合，

$$e(\mathrm{AB}) = \frac{12N\lambda_N(1 - \lambda_N)}{\pi^2}$$

となる．したがって，$T_{n_1 n_2}^*$ に対するアンサリー−ブラッドレー検定の漸近相対効率は

$$\mathrm{ARE}(\mathrm{AB}, T_{n_1 n_2}^*) = \frac{6}{\pi^2} \approx 0.6079,$$

アンサリー−ブラッドレー検定に対するムード検定の漸近相対効率は

$$\mathrm{ARE}(\mathrm{MO}, \mathrm{AB}) = \frac{5}{4}$$

となる．

6.4.3 修正型順位和検定の漸近効率

本項では，Tamura (1963) によって提案された尺度母数に対する修正型順位和検定

$$\mathrm{TRS} = T_N(Z) = \sum_{i=1}^{N} \left| \frac{i}{N} - \frac{N+1}{2N} \right|^k Z_i, \quad k \in \mathbb{R}^+$$

の漸近効率について考える．上記の式より，検定統計量 TRS のスコア関数は

$$a_i = \left| \frac{i}{N} - \frac{N+1}{2N} \right|^k = J_N\left(\frac{i}{N}\right)$$

と表すことができる．したがって，

$$\lim_{N \to \infty} J_N[H(x)] = \left| H(x) - \frac{1}{2} \right|^k$$

となる．ここで，

$$\mu_N = \int_{-\infty}^{\infty} \left| \lambda_N F_1(x) + \{1 - \lambda_N\} F_1(\Delta x) - \frac{1}{2} \right|^k f_1(x) dx$$

より

$$\left. \frac{d\mu_N}{d\Delta} \right|_{\Delta=1} = k(1-\lambda_N) \int_{-\infty}^{\infty} \left| x f_1(x) - \frac{1}{2} \right|^{k-1} f_1(x) dx$$

および

$$N\lambda_N \sigma_N^2 = (1-\lambda_N) \left\{ \int_0^1 \left| u - \frac{1}{2} \right|^{2k} du - \left[\int_0^1 \left| u - \frac{1}{2} \right|^k du \right]^2 \right\}$$

$$= \frac{(1-\lambda_N)k^2}{4^k(2k+1)(k+1)^2}$$

が導出される．したがって，修正型順位和検定の漸近効率は

$$e(\mathrm{TRS}) = 4^k(2k+1)(k+1)^2 \left\{ \int_{-\infty}^{0} x f_1(x)^2 \left(\frac{1}{2} - F_1(x) \right)^{k-1} dx \right.$$

$$\left. - \int_0^{\infty} x f_1(x)^2 \left(F_1(x) - \frac{1}{2} \right)^{k-1} dx \right\}^2$$

によって求めることができる．

例題 次の表は，様々な分布に対して，修正型順位和検定 TRS の漸近効率を表したものである．

漸近効率

k	1	2	3	4	5	6	7
正規分布	1.216	1.520	1.681	1.770	1.817	1.841	1.849
一様分布	3.000	5.000	7.000	9.000	11.000	13.000	15.000
ロジスティック分布	1.047	1.250	1.333	1.361	1.363	1.350	1.330
コーシー分布	0.493	0.462	0.407	0.355	0.312	0.276	0.247
自由度 2 の t 分布	0.750	0.800	0.778	0.735	0.688	0.642	0.600
自由度 3 の t 分布	0.876	0.983	0.994	0.971	0.935	0.894	0.853
自由度 4 の t 分布	0.949	1.093	1.130	1.123	1.098	1.064	1.028

6.5　位置母数・尺度母数の検定：2 標本検定問題

本節では，2 標本検定問題における位置母数および尺度母数の違いを検定するのに有用な一般化レページ検定の漸近相対効率について述べる．$X_1 = (X_{11}, X_{12}, \ldots, X_{1n_1})$ を分布関数 $F_1(x)$ を持つ母集団からの確率標本，$X_2 = (X_{21}, X_{22}, \ldots, X_{2n_2})$ を分布関数 $F_2(x)$ を持つ母集団からの確率標本とする．

Tamura (1963) によって提案された検定統計量 TRL および TRS のスコア関数は，それぞれ

$$J_p(u) = (p+1)u^p - 1, \quad J_q^*(u) = (q+1)\left|u - \frac{1}{2}\right|^q$$

で表すことができる (Goria, 1980). これらのスコア関数を用いることで，$\sigma_{J,p}$ および $\sigma_{J^*,q}$ は

$$\sigma_{J,p}^2 = \int_0^1 \{J_p(x)\}^2 dx - \left\{\int_0^1 J_p(x) dx\right\}^2,$$

$$\sigma_{J^*,q}^2 = \int_0^1 \{J_q^*(x)\}^2 dx - \left\{\int_0^1 J_q^*(x) dx\right\}^2$$

となる (Duran et al., 1976). また，$\text{cov}(J_p(u), J_q^*(u))$ は

$$\text{cov}(J_p(u), J_q^*(u)) = \int_0^1 J_p(x) J_q^*(x) dx - \int_0^1 J_p(x) dx \int_0^1 J_q^*(x) dx$$

によって求めることができる．

ここで，あるクラスの絶対連続分布関数を

$$F_j(x) = F\left\{\left(1 + \frac{a_j}{\sqrt{n}}\right)x + \frac{b_j}{\sqrt{n}}\right\} \quad (j = 1, 2)$$

と仮定する．ただし，$a_1 \neq a_2$, $b_1 \neq b_2$ もしくは両方が成立し，a_j と b_j は実数とする．$\ell = a_j/b_j$ とおくと，一般化レページ検定の漸近効率は

$$e(L_{p,q}) = A_3\{V(\text{TRS})A_1^2 + V(\text{TRL})A_2^2 - 2\text{cov}(\text{TRL}, \text{TRS})A_1A_2\}$$

によって与えられる．ただし，

$$A_1 = \int_{-\infty}^{\infty} (\ell x + 1)\left[\frac{dJ_p\{F_1(x)\}}{dx}\right]dF_1(x),$$
$$A_2 = \int_{-\infty}^{\infty} (\ell x + 1)\left[\frac{dJ_q^*\{F_1(x)\}}{dx}\right]dF_1(x),$$
$$A_3 = \{V(\text{TRL})V(\text{TRS}) - \text{cov}(\text{TRL}, \text{TRS})^2\}^{-1}$$

である．

Murakami (2015) により，$p=1$ のときのみ $\text{cov}(\text{TRL}, \text{TRS}) = 0$ となることが示される．$p=1$, $q=1$ のときがレページ検定 (Lepage, 1971)，$p=1$, $q=2$ の場合が (Pettitt, 1976) によって提案されたレページ型検定となる．また，Duran et al. (1976) によって，正規分布の下でレページ検定に対する漸近相対効率が上がることが示されている．

次の表は，$L_{1,1}$ および $L_{1,2}$ に対する $L_{p,q}$ の漸近相対効率を記載したものである．

6.5 位置母数・尺度母数の検定：2標本検定問題

$L_{1,1}$ に対する漸近相対効率

分布	$L_{p,q}$	漸近相対効率	0	1	5	ℓ 10	20	50	∞
コーシー分布	$L_{1.25, 1.07}$	$\dfrac{3/\pi^2 + 48\ell^2/\pi^4}{0.30988 - 0.00061\ell + 0.49308\ell^2}$	0.981	0.993	0.999	0.999	0.999	0.999	0.999
自由度 2 の t 分布	$L_{1.17, 2}$	$\dfrac{27\pi^2/512 + 3\ell^2/4}{0.52452 + 0.8\ell^2}$	0.992	0.959	0.939	0.938	0.938	0.938	0.938
自由度 3 の t 分布	$L_{1.11, 2.70}$	$\dfrac{25/4\pi^2 + 256\ell^2/3\pi^4}{0.63525 + 0.00011\ell + 0.99612\ell^2}$	0.997	0.925	0.882	0.880	0.880	0.880	0.879
自由度 4 の t 分布	$L_{1.07, 3.24}$	$\dfrac{297675\pi^2/4194304 + 243\ell^2/256}{0.70131 + 0.00018\ell + 1.13112\ell^2}$	0.999	0.900	0.843	0.840	0.839	0.839	0.839
ロジスティック分布	$L_{1,4}$	$\dfrac{1/3\{1 + \ell^2(-1 + \log 16)^2\}}{1/3 + (49\ell^2)/36}$	1.000	0.815	0.772	0.770	0.770	0.770	0.770
正規分布	$L_{0.8, 7.26}$	$\dfrac{3/\pi^2 + 12\ell^2/\pi^2}{0.96198 - 0.00753\ell + 1.84898\ell^2}$	0.993	0.774	0.665	0.660	0.658	0.6578	0.658
双峰分布*	$L_{1.24, 3.35}$	$\dfrac{2/3\pi + 16\ell^2/3\pi^2}{0.21581 + 0.00057\ell + 0.61957\ell^2}$	0.983	0.900	0.874	0.873	0.872	0.872	0.872

*) Hassan and Hijazi (2010)

6. 漸近相対効率

$L_{1,2}$ に対する漸近相対効率

分布	$L_{p,q}$	漸近相対効率	0	1	5	ℓ 10	20	50	∞
コーシー分布	$L_{1.25,1.07}$	$\dfrac{3/\pi^2 + 45\ell^2/\pi^4}{0.30988 - 0.00061\ell + 0.49308\ell^2}$	0.981	0.955	0.938	0.937	0.937	0.937	0.937
自由度 2 の t 分布	$L_{1.17,2}$	$\dfrac{27\pi^2/512 + 4\ell^2/5}{0.52452 + 4/5\ell^2}$	0.9923	0.997	1.000	1.000	1.000	1.000	1.000
自由度 3 の t 分布	$L_{1.11,2.70}$	$\dfrac{25/4\pi^2 + 6125\ell^2/64\pi^4}{0.63525 + 0.00011\ell + 0.99612\ell^2}$	0.997	0.990	0.987	0.986	0.986	0.986	0.986
自由度 4 の t 分布	$L_{1.07,3.24}$	$\dfrac{297675\pi^2/4194304 + 6480\ell^2/5929}{0.70131 + 0.00018\ell + 1.13112\ell^2}$	0.999	0.979	0.967	0.966	0.966	0.966	0.966
ロジスティック分布	$L_{1,4}$	$\dfrac{1/3 + 5\ell^2/4}{1/3 + 49\ell^2/36}$	1.000	0.934	0.919	0.919	0.918	0.918	0.918
正規分布	$L_{0.8,7.26}$	$\dfrac{3/\pi + 15\ell^2/\pi^2}{0.96198 - 0.00753\ell + 1.84898\ell^2}$	0.993	0.883	0.826	0.823	0.822	0.822	0.822
双峰分布*	$L_{1.24,3.35}$	$\dfrac{2/3\pi + 1445\ell^2/243\pi^2}{0.21581 + 0.00057\ell + 0.61957\ell^2}$	0.983	0.975	0.972	0.972	0.972	0.972	0.973

*) Hassan and Hijazi (2010)

Chapter 7

2 変量検定

2つの変数に相関関係があるか調べるとき,相関の強さを示すピアソンの標本相関係数が多く用いられるが,これは変数間に直線的な関係があることや正規分布を仮定したもとで相関関係を計るものである.また,外れ値が含まれるとき,異常な値を示してしまうことが知られている.本章では,正規性という仮定を外した場合にも適用でき,外れ値の影響も少ない順位相関係数の基本的性質および相関関係を検定する検定統計量を紹介する.また,実データを例題として取り上げることで,2変量ノンパラメトリック検定について理解を深めることを目的とする.

7.1 はじめに

ある母集団の中で,2つの変数(要因) X と Y の間に相関関係があるか調べることを考える.母集団から抽出された n 個の確率標本を

$$\begin{pmatrix} X_1 \\ Y_1 \end{pmatrix}, \begin{pmatrix} X_2 \\ Y_2 \end{pmatrix}, \ldots, \begin{pmatrix} X_n \\ Y_n \end{pmatrix}$$

とする.相関の強さを示すには,ピアソンの標本相関係数 (Pearson correlation coefficient)

$$\tilde{\rho}(X,Y) = \frac{\sum_{i=1}^{n}(X_i - \overline{X})(Y_i - \overline{Y})}{\sqrt{\sum_{i=1}^{n}(X_i - \overline{X})^2}\sqrt{\sum_{i=1}^{n}(Y_i - \overline{Y})^2}}$$

が多く用いられる.ただし,$-1 \leq \rho(X,Y) \leq 1$ であり,$\rho(X,Y) = 0$ のときは X と Y に関係はなく,無相関であるという.$\rho(X,Y)$ の値が 1 に近づくにつれて正の相関が強くなり,データは右上りの直線傾向が見えるようにプロットされる.逆に,$\rho(X,Y)$ の値が -1 に近づくにつれて負の相関が強くなり,右下

りの直線傾向が見えるようにプロットされる．

しかしながら，ピアソンの標本相関係数は，変数間に直線関係があることや正規分布を仮定したうえで，X と Y の相関関係を計るものである．例えば，すべてのデータが sin 曲線上に並べば，X と Y には相関関係があると言えるが，ピアソンの標本相関係数では $|\rho(X,Y)| < 1$ となってしまう．そこで，本章では直線状にデータがあるという前提を取り除いて，2 つの変数間の相関関係を計る方法について述べる．

7.2 ケンドールの順位相関係数

7.2.1 ケンドールの τ

ピアソンの相関係数は，標本が正規分布に従うことを想定した場合の相関係数で，標本に外れ値が含まれるとき，異常な値を示してしまうことが知られている．そこで，本項では，ある母集団の中で，2 つの変数 (要因) X と Y の相関関係を計る順位相関係数について述べる．

まず，確率標本

$$\begin{pmatrix} X_1 \\ Y_1 \end{pmatrix}, \begin{pmatrix} X_2 \\ Y_2 \end{pmatrix}, \ldots, \begin{pmatrix} X_n \\ Y_n \end{pmatrix}$$

は互いに独立で，同一な 2 次元分布関数 $F(x,y)$ から得られるとする．ただし，$F(x,y)$ には連続性を仮定する．このとき，

$$X_i < X_j \quad \text{かつ} \quad Y_i < Y_j$$

あるいは

$$X_i > X_j \quad \text{かつ} \quad Y_i > Y_j$$

のように大小関係が一致しているか，もしくは

$$X_i < X_j \quad \text{かつ} \quad Y_i > Y_j$$

あるいは

$$X_i > X_j \quad \text{かつ} \quad Y_i < Y_j$$

のように大小関係が逆転しているかに注目する．ここで，この関係式を

$$\begin{aligned}r_c &= \Pr\{[(X_i < X_j) \cap (Y_i < Y_j)] \cup [(X_i > X_j) \cap (Y_i > Y_j)]\} \\ &= \Pr\{(X_j - X_i)(Y_j - Y_i) > 0\} \\ &= \Pr\{(X_i < X_j) \cap (Y_i < Y_j)\} + \Pr\{(X_i > X_j) \cap (Y_i > Y_j)\} \\ r_d &= \Pr\{(X_j - X_i)(Y_j - Y_i) < 0\} \\ &= \Pr\{(X_i < X_j) \cap (Y_i > Y_j)\} + \Pr\{(X_i > X_j) \cap (Y_i < Y_j)\}\end{aligned}$$

と表現する.このとき,Kendall (1938) は

$$\tau = r_c - r_d$$

によって定義されている順位相関係数を提案した.これはケンドールの順位相関係数 (Kendall coefficient τ) として広く知られている.ただし,$-1 \leq \tau \leq 1$ である.また,分布の連続性より

$$\begin{aligned}r_c &= \Pr(Y_i < Y_j) - \Pr\{(X_i > X_j) \cap (Y_i < Y_j)\} \\ &\quad + \Pr(Y_i > Y_j) - \Pr\{(X_i < X_j) \cap (Y_i > Y_j)\} \\ &= \Pr(Y_i < Y_j) + \Pr(Y_i > Y_j) - r_d \\ &= 1 - r_d\end{aligned}$$

が成り立つ.つまり

$$r_c + r_d = 1$$

となることから

$$\tau^* = 2r_c - 1 = 1 - 2r_d$$

が与えられる.

ケンドールの順位相関係数には分布を仮定する必要がないが,$F(x, y)$ が2次元正規分布に従うと仮定する.ここで,X と Y をそれぞれ分散 σ_X^2, σ_Y^2 の2次元正規分布に従うとし,その相関係数を ρ とする.また,ピアソンの母集団相関係数は

$$\rho(X, Y) = \frac{\text{cov}(X, Y)}{\sqrt{\text{V}(X)\text{V}(Y)}}$$

によって与えられる.

2つの独立な組を $(X_i, Y_i), (X_j, Y_j)$ とすると,基準化された X, Y は

$$X^* = \frac{X_i - X_j}{\sqrt{2}\sigma_X}, \quad Y^* = \frac{Y_i - Y_j}{\sqrt{2}\sigma_Y}$$

で与えられ,それぞれ平均 0, 分散 1, 共分散 ρ の 2 次元正規分布に従い,
$$\rho(X^*, Y^*) = \rho(X, Y)$$
となる.

このとき,
$$r_c = \Pr(X^* Y^* > 0)$$
と表すことができるので,
$$\begin{aligned} r_c &= \int_{-\infty}^{0} \int_{-\infty}^{0} \phi(x,y) dx dy + \int_{0}^{\infty} \int_{0}^{\infty} \phi(x,y) dx dy \\ &= 2 \int_{-\infty}^{0} \int_{-\infty}^{0} \phi(x,y) dx dy \\ &= 2\Phi(0,0) \end{aligned}$$
が得られる.ここで,
$$\Phi(0,0) = \frac{1}{4} + \frac{1}{2\pi} \arcsin \rho$$
に注意すると
$$r_c = \frac{1}{2} + \frac{1}{\pi} \arcsin \rho$$
となる.よって,ピアソンの母集団相関係数とケンドールの順位相関係数には
$$\tau = \frac{2}{\tau^*} \arcsin \rho$$
が成立する.

以上のことから,次の同値関係が導かれる.

---- 同値関係 ----

(1) X と Y が独立   (2) $\rho = 0$ (3) $\tau = 0$

ただし,X と Y が独立ならば,$F(x,y)$ がどのような分布であっても $\tau = 0$ が成立するが,この逆は成立しないことに注意されたい.

ここで,2 次元母集団から得られる確率標本
$$\begin{pmatrix} X_1 \\ Y_1 \end{pmatrix}, \begin{pmatrix} X_2 \\ Y_2 \end{pmatrix}, \ldots, \begin{pmatrix} X_n \\ Y_n \end{pmatrix}$$

における τ の推定について考える. まず,
$$\delta(X_i, X_j; Y_i, Y_j) = \mathrm{sgn}(X_j - X_i)\mathrm{sgn}(Y_j - Y_i)$$
とおく. ただし,
$$\mathrm{sgn}(x) = \begin{cases} -1 & (x < 0) \\ 0 & (x = 0) \\ 1 & (x > 0) \end{cases}$$
である. ここで,
$$D_{ij} = \begin{cases} -1 & (\text{ペアが不一致の場合}) \\ 0 & (\text{一致・不一致のどちらでもない場合}) \\ 1 & (\text{ペアが一致の場合}) \end{cases}$$
とすると, $\delta(X_i, X_j; Y_i, Y_j)$ の周辺分布は
$$f_\delta(D_{ij}) = \begin{cases} r_c & (D_{ij} = 1 \text{ のとき}) \\ 1 - r_c - r_d & (D_{ij} = 0 \text{ のとき}) \\ r_d & (D_{ij} = -1 \text{ のとき}) \end{cases}$$
によって与えられる. したがって, $\delta(X_i, X_j; Y_i, Y_j)$ の期待値は
$$\mathrm{E}[\delta(X_i, X_j; Y_i, Y_j)] = 1 \cdot r_c + (-1)r_d = \tau$$
となる. $D_{ij} = D_{ji}$, $D_{ii} = 0$ なので, ${}_nC_2$ 個の組合せを考えることになる. このとき, τ の推定量 $\hat{\tau}$ は
$$\hat{\tau} = \binom{n}{2}^{-1} \sum\sum_{1 \leq i < j \leq n} \delta(X_i, X_j; Y_i, Y_j)$$
$$= \frac{2}{n(n-1)} \sum\sum_{1 \leq i < j \leq n} \delta(X_i, X_j; Y_i, Y_j)$$
によって与えられ, ケンドールの標本順位相関係数 (Kendall's sample tau coefficient) と呼ばれている. ケンドールの順位相関係数およびケンドールの標本順位相関係数を総称してケンドールの τ (タウ) と呼ばれている.

しかしながら, 実際に $\hat{\tau}$ を求めるためには, 順位を用いた方が便利である. そこで, ケンドールの τ が順位を用いてどのように表現できるか考える.

$X_1, X_2, \ldots, X_n$ を小さい方から大きさの順に並べた標本を $X_{(1)}, X_{(2)}, \ldots, X_{(n)}$ とする. また, $X_{(i)}$ に対応する Y の順位を R_i とする. このとき, ケンドールの τ (ケンドールの標本順位相関係数) の推定量 $\hat{\tau}$ は,

$$\hat{\tau} = \frac{2}{n(n-1)} \sum\sum_{1 \leq i < j \leq n} \delta(i, j; R_i, R_j)$$
$$= \frac{4}{n(n-1)} \sum\sum_{1 \leq i < j \leq n} I(R_i, R_j) - 1$$

で与えられる. ただし,

$$I(x, y) = \begin{cases} 1 & (x < y) \\ 0 & (x \geq y) \end{cases}$$

は指示関数とする.

また,

$$\mathrm{E}(\hat{\tau}) = \frac{2}{n(n-1)} \sum\sum_{1 \leq i < j \leq n} \mathrm{E}[\delta(X_i, X_j; Y_i, Y_j)]$$
$$= \mathrm{E}[\delta(X_1, X_2; Y_1, Y_2)]$$
$$= r_c - r_d$$
$$= \tau$$

となることから, $\hat{\tau}$ は τ の不偏推定量となる. 詳しい証明は省略するが, $\hat{\tau}$ の分散は

$$\mathrm{V}(\hat{\tau}) = \frac{8}{n(n-1)} \{r_c - (2n-3)r_c^2 + 2(n-2)r_{cc}\}$$

で与えられる. ただし,

$$r_{cc} = \mathrm{Pr}\{(X_j - X_i)(Y_j - Y_i) > 0 \cap (X_k - X_i)(Y_k - Y_i) > 0\},$$

$i < j, i < k, j \neq k, i = 1, 2, \ldots, n$ である.

例題 6 人の被験者の BMI および血圧のデータが, 次のように与えられている.

番 号	1	2	3	4	5	6
BMI (X)	23.6	25.3	18.7	21.3	16.9	20.8
血圧 (Y)	118	111	116	128	109	121

X と Y それぞれで順位付けすると, 次の表が与えられる.

番号	1	2	3	4	5	6
X の順位	5	6	2	4	1	3
Y の順位	4	2	3	6	1	5

ここで, 順位変換されたデータの X について, 小さい方から大きい方へ並べ替える. また, Y_i を $X_{(i)}$ の順位に対応させて並べ替えると, 次の表が得られる.

番号	1	2	3	4	5	6
i	1	2	3	4	5	6
R_i	1	3	5	6	4	2

したがって, R_i より大きい $R_j, i=1,\ldots,5, i<j,$ の個数は

$$5, \quad 3, \quad 1, \quad 0, \quad 0$$

となる. よって,

$$\hat{\tau} = \frac{4}{6 \times 5} \times 9 - 1 = 0.2$$

がケンドールの τ (ケンドールの標本順位相関係数) の推定量となる.

7.2.2 相関の検定

X と Y を 2 次元分布関数 $F(x,y)$ から得られる確率変数とする. また, 確率変数 X および Y の周辺分布を, それぞれ $F_X(x), F_Y(y)$ とする. このとき, X と Y の相関係数が有意に 0 と異なるか検定することを考える. 本項では, ケンドールの τ を用いた相関の検定について考える.

ケンドールの標本順位相関係数 $\hat{\tau}$ は, ケンドールの順位相関係数 τ の不偏推定量であることは前述した. したがって, $\hat{\tau}$ が有意に 0 と異なるならば, $\tau \neq 0$ と考えることができる. 本来ならば, 帰無仮説:$\tau = 0$ について検定を考えたところだが, 本書では, より強い仮説

$$H_0 : F(x,y) = F_X(x)F_Y(y)$$

について考える. すなわち, X と Y が独立であるか検定することを考える. このことから, 独立性の検定 (tests of independence) とも呼ばれている.

検定統計量として $\hat{\tau}$ を用いるのが自然であるが,本書では,検定統計量として

$$\mathrm{KT} = \frac{n(n-1)}{2}\hat{\tau} \tag{7.1}$$

を用いる.定数倍しただけなので,$\hat{\tau}$ と検定統計量 KT は本質的に同等である.また,

$$\mathrm{KT} = 2\sum\sum_{1\leq i<j\leq n} I(R_i, R_j) - \frac{n(n-1)}{2}$$

であり,帰無仮説の下で検定統計量 KT の期待値は 0,分散は

$$\mathrm{V(KT)} = \frac{1}{18}n(n-1)(2n+5)$$

となることから,

$$\mathrm{KT}^* = \frac{\mathrm{KT}}{\sqrt{\mathrm{V(KT)}}}$$

が与えられる.帰無仮説の下で,n が十分大きいとき,KT^* の極限分布は標準正規分布に従う.したがって,

$$\Pr(\mathrm{KT}^* \geq |k|) = 1 - \Phi\left(\frac{3\sqrt{2}(|k|-1)}{\sqrt{n(n-1)(2n+5)}}\right)$$

を用いることで近似的に有意確率の値を求めることができる.ちなみに,両側対立仮説の場合,有意確率は

$$\Pr(|\mathrm{KT}| \geq |k|) = 2\Pr(\mathrm{KT} \geq |k|),$$

片側対立仮説の場合,

$$\Pr(\mathrm{KT} \geq k),$$

もしくは

$$\Pr(\mathrm{KT} \leq k)$$

によって有意確率の値を求めることができる.

検定統計量 KT で与えられる検定をケンドールの検定 (Kendall's test) という.また,$F(x,y)$ に 2 次元正規分布を仮定した場合,ピアソンの相関係数によって与えられる検定に対する漸近相対効率は 0.91 となる.

例題 6 人の被験者の BMI および血圧のデータが,次のように与えられている.

番号	1	2	3	4	5	6
BMI (X)	23.6	25.3	18.7	21.3	16.9	20.8
血圧 (Y)	118	111	116	128	109	121

X と Y の相関に違いがあるか調べるため，ケンドールの検定を用いて，有意水準 5% 検定を行う．

先ほどの例題より，$\hat{\tau} = 0.2$ であった．したがって，(7.1) 式より

$$\mathrm{KT} = \frac{6 \times 5}{2} \times 0.2 = 3$$

を得る．よって，

$$\Pr(\mathrm{KT} \geq 3) \approx 0.360$$

となることから，帰無仮説を棄却することはできない．

7.3 スピアマンの順位相関係数

本節では，7.2.1 項で述べたケンドールの順位相関係数と同様に，ある母集団の中で，2 つの変数 (要因) X と Y の相関関係を計る順位相関係数について述べる．まず，確率標本

$$\begin{pmatrix} X_1 \\ Y_1 \end{pmatrix}, \begin{pmatrix} X_2 \\ Y_2 \end{pmatrix}, \ldots, \begin{pmatrix} X_n \\ Y_n \end{pmatrix}$$

を互いに独立で，同一な 2 次元分布関数 $F(x,y)$ から得られる標本とする．ただし，$F(x,y)$ には連続性を仮定する．このとき，$X_1, X_2, \ldots, X_n$ を小さい方から大きさの順に並べるとき，$X_{(i)}$ の順位を R_i とする．同様に，$Y_1, Y_2, \ldots, Y_n$ を小さい方から大きさの順に並べるとき，$Y_{(i)}$ の順位を H_i とする．ここで，

$$\sum_{i=1}^{n} R_i = \sum_{i=1}^{n} H_i = \sum_{i=1}^{n} i = \frac{n(n+1)}{2},$$

$$\overline{R} = \overline{H} = \frac{1}{n} \sum_{i=1}^{n} R_i = \frac{1}{n} \sum_{i=1}^{n} H_i = \frac{n+1}{2},$$

$$\sum_{i=1}^{n} (R_i - \overline{R})^2 = \sum_{i=1}^{n} (H_i - \overline{H})^2 = \sum_{i=1}^{n} \left(i - \frac{n+1}{2} \right)^2 = \frac{n(n+1)(n-1)}{12}$$

をピアソンの標本相関係数に対応させた順位相関係数

$$\text{SRC} = \frac{12}{n(n^2-1)} \sum_{i=1}^{n} (R_i - \overline{R})(H_i - \overline{H})$$

$$= \frac{12}{n(n^2-1)} \left\{ \sum_{i=1}^{n} R_i H_i - \frac{n(n+1)^2}{4} \right\}$$

$$= \frac{12}{n(n^2-1)} \sum_{i=1}^{n} R_i H_i - \frac{3(n+1)}{n-1}$$

が Spearman (1904) によって提案されており，スピアマンの順位相関係数 (Spearman's coefficient of rank correlation) として広く知られている．また，

$$D_i = R_i - H_i = (R_i - \overline{R}) - (H_i - \overline{H})$$

とすると，

$$\sum_{i=1}^{n} D_i^2 = \sum_{i=1}^{n} (R_i - \overline{R})^2 + \sum_{i=1}^{n} (H_i - \overline{H})^2 - 2 \sum_{i=1}^{n} (R_i - \overline{R})(H_i - \overline{H})$$

$$= \frac{n(n+1)(2n+1)}{3} - 2 \sum_{i=1}^{n} R_i H_i$$

となることから，

$$\text{SRC} = 1 - \frac{6}{n(n^2-1)} \sum_{i=1}^{n} D_i^2$$

とも表現することができる．また，

$$\text{E}\left(\sum_{i=1}^{n} R_i H_i \right) = n\text{E}(R_i)\text{E}(H_i) = \frac{n(n+1)^2}{4},$$

$$\text{V}\left(\sum_{i=1}^{n} R_i H_i \right) = n\text{V}(R_i)\text{V}(H_i) + n(n-1)\text{cov}(R_i, R_j)\text{cov}(H_i, H_j)$$

$$= \frac{n(n^2-1)^2 + n(n-1)(n+1)^2}{144} = \frac{n^2(n-1)(n+1)^2}{144}$$

より，帰無仮説の下でスピアマンの順位相関係数の期待値および分散は，それぞれ $0, 1/(n-1)$ となる．したがって，n が大きいとき

$$\Pr(\text{SRC} \geq s) = 1 - \Phi\left(s\sqrt{n-1} - \frac{6\sqrt{n-1}}{n(n^2-1)} \right)$$

によって有意確率を求めることができる．

[補足]

$$\mathrm{GRC} = \frac{\sum_{i=1}^{n}[a(R_i) - \bar{a}][a(H_i) - \bar{a}]}{\sqrt{\sum_{i=1}^{n}[a(R_i) - \bar{a}]^2 \sum_{i=1}^{n}[a(H_i) - \bar{a}]^2}}$$

とする.ただし,$\bar{a} = n^{-1}\sum_{i=1}^{n} a(i)$ である.これは,スコアで重み付けられた順位対 $(a(R_i), a(H_i))$ から求められるピアソンの相関係数である.この GRC を線形順位相関係数 (coefficient of linear rank correlation) という.明らかに $-1 \leq \mathrm{GRC} \leq 1$ であり,R_i と H_i の順位が完全一致していれば $\mathrm{GRC} = 1$,順位が逆一致していれば $\mathrm{GRC} = -1$ となる.$a(i) = i$ のとき,スピアマンの順位相関係数となり,ケンドールの検定はスピアマンの順位相関係数と漸近的に同等である.

例題 6 人の被験者の BMI および血圧のデータが,次のように与えられている.スピアマンの順位相関係数を求め,X と Y の相関に違いがあるか調べるため,有意水準 5% 検定を行う.

番号	1	2	3	4	5	6
BMI (X)	23.6	25.3	18.7	21.3	16.9	20.8
血圧 (Y)	118	111	116	128	109	121

このデータを順位で書き表すと,

番号	1	2	3	4	5	6
X の順位 R_i	5	6	2	4	1	3
Y の順位 H_i	4	2	3	6	1	5
$D_i = R_i - H_i$	1	4	-1	-2	0	-2
D_i^2	1	16	1	4	0	4

となる.したがって,

$$\sum_{i=1}^{6} D_i^2 = 26$$

となることから,

$$\mathrm{SRC} = 1 - \frac{6}{6 \times (36-1)} \times 26 = 0.257$$

を得る.$\Pr(\mathrm{SRC} \geq 0.257) \approx 0.329$ となるため, 帰無仮説を棄却することはできない.

Appendix A

確 率 分 布 表

検定統計量の確率分布表
   表 A.1 ウィルコクソン順位和検定
   表 A.2 ムード検定
   表 A.3 アンサリー–ブラッドレー検定
   表 A.4 レページ検定
   表 A.5 レページ型検定 (Pettitt, 1976)
   表 A.6 クッコニ検定 (Cucconi, 1968)
   表 A.7 2 標本クラメール–フォン・ミーゼス検定 (Anderson, 1962)
   表 A.8 修正型バウムガートナー検定 (Murakami, 2006)
   表 A.9 クラスカル–ウォリス検定
   表 A.10 多標本ムード検定
   表 A.11 多標本アンサリー–ブラッドレー検定
   表 A.12 多標本レページ検定
   表 A.13 多標本レページ型検定
   表 A.14 多標本バウムガートナー検定

検定統計量の極限分布の確率分布表 (極限分布表)
   表 A.15 正規分布
   表 A.16 χ^2 分布
   表 A.17 コルモゴロフ–スミルノフ検定
   表 A.18 片側コルモゴロフ–スミルノフ検定
   表 A.19 クラメール–フォン・ミーゼス検定
   表 A.20 アンダーソン–ダーリング検定 / (修正型) バウムガートナー検定
   表 A.21 ワトソン検定

A. 確率分布表

表 A.1 ウィルコクソン順位和検定の確率分布表

n_1	n_2	w $\Pr(W \geq w)$						
5	5	28 0.5000	30 0.3452	31 0.2738	33 0.1548	35 0.0754	36 0.0476	38 0.0159	39 0.0079
6	6	40 0.4686	42 0.3496	43 0.2944	45 0.1970	48 0.0898	50 0.0465	52 0.0206	54 0.0076
7	7	53 0.5000	56 0.3552	58 0.2675	60 0.1914	64 0.0825	66 0.0487	69 0.0189	71 0.0087
8	8	69 0.4796	71 0.3992	74 0.2869	77 0.1911	81 0.0974	85 0.0415	87 0.0249	91 0.0074
9	9	86 0.5000	89 0.3981	93 0.2729	96 0.1933	101 0.0951	105 0.0470	109 0.0200	112 0.0094
10	10	106 0.4853	109 0.3980	113 0.2894	117 0.1965	123 0.0952	128 0.0446	132 0.0216	136 0.0093
11	11	127 0.5000	131 0.3985	136 0.2809	141 0.1827	147 0.0966	153 0.0440	157 0.0237	162 0.0096
12	12	151 0.4887	155 0.3994	160 0.2949	166 0.1888	173 0.0989	180 0.0444	185 0.0225	191 0.0086
13	13	176 0.5000	182 0.3812	187 0.2894	193 0.1948	202 0.0928	209 0.0454	215 0.0221	221 0.0095
4	8	27 0.4667	29 0.3414	30 0.2848	32 0.1838	35 0.0768	37 0.0364	38 0.0242	40 0.0081
5	10	41 0.4765	43 0.3839	45 0.2970	48 0.1855	52 0.0823	54 0.0496	57 0.0200	59 0.0097
6	12	58 0.4818	61 0.3751	64 0.2766	67 0.1923	72 0.0899	76 0.0415	79 0.0207	82 0.0091
7	14	78 0.4855	81 0.3995	85 0.2923	90 0.1800	95 0.0984	100 0.0469	104 0.0230	109 0.0079
8	16	101 0.4881	105 0.3937	110 0.2843	115 0.1913	122 0.0962	128 0.0463	133 0.0224	138 0.0096
9	18	127 0.4899	132 0.3907	137 0.2979	144 0.1876	152 0.0968	159 0.0475	165 0.0231	171 0.0100

A. 確率分布表

表 A.2 ムード検定の確率分布表

n_1	n_2	z $\Pr(\mathrm{MO} \geq z)$							
5	5	43.25	45.25	49.25	53.25	59.25	65.25	67.25	71.25
		0.4365	0.3968	0.2778	0.1984	0.0952	0.0317	0.0159	0.0079
6	6	73.5	77.5	83.5	91.5	97.5	103.5	109.5	115.5
		0.4610	0.3994	0.2890	0.1656	0.0963	0.0465	0.0238	0.0097
7	7	115.75	121.75	131.75	139.75	151.75	161.75	169.75	179.75
		0.4755	0.3998	0.2815	0.1906	0.0950	0.0466	0.0233	0.0082
8	8	172	182	194	206	222	236	248	262
		0.4844	0.3934	0.2856	0.1936	0.0984	0.0496	0.0239	0.0078
9	9	244.25	258.25	272.25	288.25	312.25	330.25	346.25	364.25
		0.4895	0.3895	0.2959	0.1998	0.0973	0.0481	0.0230	0.0085
10	10	334.5	352.5	370.5	392.5	422.5	446.5	466.5	488.5
		0.4926	0.3919	0.2969	0.1984	0.0982	0.0489	0.0241	0.0098
11	11	444.75	466.75	490.75	518.75	556.75	586.75	612.75	640.75
		0.4947	0.3976	0.2972	0.1964	0.0975	0.0491	0.0240	0.0098
12	12	577	605	635	669	715	753	785	821
		0.4959	0.3957	0.2948	0.1965	0.0992	0.0494	0.0247	0.0098
13	13	733.25	767.25	803.25	845.25	901.25	949.25	987.25	1031.25
		0.4967	0.3966	0.2969	0.1973	0.0998	0.0484	0.0247	0.0099
4	8	49	55	59	65	73	81	85	101
		0.4909	0.3596	0.2869	0.1879	0.0949	0.0444	0.0202	0.0020
5	10	94	102	112	121	136	148	157	170
		0.4948	0.3986	0.2814	0.1945	0.0932	0.0453	0.0243	0.0077
6	12	163.5	175.5	189.5	205.5	227.5	247.5	261.5	277.5
		0.4861	0.3915	0.2946	0.1963	0.0996	0.0458	0.0243	0.0100
7	14	256	276	296	320	352	379	402	428
		0.4997	0.3928	0.2958	0.1969	0.0997	0.0499	0.0244	0.0096
8	16	384	410	438	472	518	554	586	622
		0.4954	0.3965	0.2979	0.1954	0.0969	0.0495	0.0244	0.0097
9	18	545	580	618	662	723	773	816	865
		0.4985	0.3993	0.2984	0.1989	0.0998	0.0500	0.0249	0.0098

表 A.3 アンサリー–ブラッドレー検定の確率分布表

n_1	n_2	z $\Pr(AB \geq z)$							
5	5	14	15	16	17	18	19	20	21
		0.7302	0.5873	0.4127	0.2698	0.1508	0.0714	0.0238	0.0079
6	6	22	23	24	25	26	27	28	29
		0.4351	0.3193	0.2154	0.1342	0.0736	0.0368	0.0152	0.0054
7	7	29	30	31	32	34	35	36	38
		0.4493	0.3537	0.2652	0.1894	0.0804	0.0466	0.0256	0.0052
8	8	37	38	40	41	43	45	46	48
		0.4587	0.3788	0.2350	0.1754	0.0867	0.0357	0.0211	0.0059
9	9	46	47	49	51	53	55	57	59
		0.4654	0.3975	0.2717	0.1687	0.0938	0.0460	0.0195	0.0068
10	10	56	58	60	62	65	67	69	71
		0.4704	0.3551	0.2514	0.1656	0.0761	0.0403	0.0192	0.0080
11	11	67	69	71	73	77	80	82	84
		0.4742	0.3733	0.2802	0.1995	0.0848	0.0374	0.0196	0.0094
12	12	79	81	84	86	90	93	96	99
		0.4773	0.3881	0.2655	0.1960	0.0932	0.0467	0.0205	0.0078
13	13	92	95	97	100	105	108	111	114
		0.4799	0.3617	0.2889	0.1942	0.0839	0.0450	0.0218	0.0094
4	8	15	16	17	18	19	20	21	22
		0.4323	0.3111	0.2020	0.1212	0.0606	0.0283	0.0101	0.0020
5	10	22	23	25	26	28	29	30	32
		0.4832	0.3916	0.2268	0.1608	0.0686	0.0406	0.0220	0.0047
6	12	31	32	34	36	38	40	41	43
		0.4636	0.3918	0.2602	0.1549	0.0810	0.0364	0.0228	0.0075
7	14	41	43	45	47	50	52	54	57
		0.4900	0.3764	0.2721	0.1840	0.0886	0.0488	0.0242	0.0067
8	16	53	55	57	60	64	66	69	72
		0.4760	0.3819	0.2940	0.1824	0.0805	0.0489	0.0204	0.0071
9	18	66	69	72	75	79	82	85	89
		0.4932	0.3748	0.2668	0.1767	0.0900	0.0488	0.0239	0.0076

A. 確率分布表

表 **A.4** レページ検定の確率分布表

n_1	n_2	z $\Pr(L \geq z)$							
5	5	1.6309	2.1546	2.9400	3.3327	4.7727	5.3346	6.7527	6.8182
		0.4921	0.3889	0.2698	0.1984	0.0952	0.0476	0.0238	0.0079
6	6	1.6410	2.0769	2.6191	3.3172	4.6352	5.7692	6.3897	7.6278
		0.4957	0.3788	0.2879	0.1991	0.0996	0.0476	0.0238	0.0087
7	7	1.5398	1.9888	2.5510	3.3520	4.5112	5.6541	6.7959	7.5316
		0.4988	0.3945	0.2972	0.1987	0.0985	0.0484	0.0233	0.0099
8	8	1.5882	2.0042	2.5636	3.2904	4.5903	5.6807	6.8036	7.8577
		0.4867	0.3961	0.2960	0.1969	0.0999	0.0493	0.0247	0.0095
9	9	1.5017	1.9812	2.5520	3.2561	4.5821	5.8137	6.7742	8.1080
		0.4985	0.3997	0.3000	0.1999	0.0993	0.0487	0.0250	0.0099
10	10	1.4930	1.9169	2.4930	3.3254	4.5368	5.7436	6.8615	8.235
		0.4960	0.3998	0.2985	0.1984	0.0998	0.0498	0.0248	0.0099
11	11	1.4698	1.9096	2.5002	3.2782	4.5727	5.7570	6.9437	8.3154
		0.4981	0.3980	0.2988	0.1995	0.0998	0.0498	0.0249	0.0100
12	12	1.4540	1.9378	2.4751	3.2634	4.5437	5.8159	6.9657	8.4070
		0.4976	0.3973	0.2995	0.1999	0.1000	0.0499	0.0249	0.0100
13	13	1.4629	1.8891	2.4577	3.2775	4.5743	5.8248	6.9863	8.4740
		0.4994	0.3994	0.2999	0.1998	0.0997	0.0498	0.0249	0.0099
4	8	1.5313	2.0011	2.8080	3.3560	4.3582	5.6563	6.2365	7.6212
		0.4970	0.4000	0.2990	0.1818	0.0970	0.0485	0.0242	0.0081
5	10	1.5311	2.0111	2.6316	3.4242	4.4979	5.4468	6.6579	8.0442
		0.4935	0.3953	0.2954	0.1971	0.0959	0.0486	0.0240	0.0090
6	12	1.4825	1.9737	2.5644	3.3281	4.5775	5.5486	6.5825	8.1301
		0.5000	0.3977	0.2971	0.1982	0.0997	0.0495	0.0249	0.0099
7	14	1.4642	1.9606	2.4955	3.3090	4.5486	5.7003	6.7539	8.1540
		0.4997	0.3991	0.2992	0.1998	0.0998	0.0498	0.0249	0.0100
8	16	1.4895	1.8966	2.5266	3.2766	4.5583	5.7472	6.8563	8.2838
		0.4971	0.4000	0.2989	0.1999	0.0999	0.0499	0.0249	0.0099
9	18	1.4489	1.8985	2.4852	3.2731	4.5435	5.7800	6.9453	8.4254
		0.4993	0.3998	0.2995	0.1997	0.0996	0.0499	0.0250	0.0100

表 **A.5** レページ型検定の確率分布表

n_1	n_2	z $\Pr(\text{LP} \geq z)$							
5	5	1.5655	2.2800	2.6564	3.5291	4.4618	5.1818	6.4091	6.8182
		0.4921	0.3889	0.2857	0.1984	0.0952	0.0476	0.0238	0.0079
6	6	1.6081	2.0769	2.6081	3.4982	4.4982	5.4322	6.1648	7.4103
		0.4978	0.3961	0.2987	0.1991	0.0996	0.0433	0.0238	0.0065
7	7	1.5194	2.0418	2.5969	3.3020	4.4653	5.5602	6.4041	7.2500
		0.5000	0.3957	0.2978	0.1999	0.0997	0.0490	0.0245	0.0099
8	8	1.5126	1.9664	2.5399	3.3162	4.5215	5.5567	6.4963	7.6686
		0.4988	0.3969	0.2990	0.1989	0.0993	0.0497	0.0249	0.0098
9	9	1.4990	1.9435	2.5180	3.3002	4.5414	5.6218	6.6452	7.7602
		0.4991	0.3991	0.2993	0.1998	0.1000	0.0500	0.0250	0.0100
10	10	1.4767	1.9235	2.5247	3.2939	4.5354	5.6923	6.7216	7.9567
		0.4994	0.3997	0.2986	0.1998	0.0996	0.0499	0.0250	0.0100
11	11	1.4779	1.9263	2.5020	3.2781	4.5550	5.7359	6.7880	8.0924
		0.4991	0.3999	0.2999	0.1998	0.0999	0.0499	0.0249	0.0100
12	12	1.4700	1.9204	2.4864	3.2719	4.5574	5.7469	6.8532	8.1983
		0.4997	0.4000	0.3000	0.1999	0.0999	0.0500	0.0250	0.0100
13	13	1.4582	1.9075	2.4802	3.2707	4.5527	5.7600	6.8971	8.2958
		0.4997	0.3999	0.3000	0.1998	0.1000	0.0499	0.0250	0.0100
4	8	1.5385	2.1278	2.5687	3.3681	4.2706	5.1442	6.3805	8.7912
		0.4990	0.3939	0.2970	0.1980	0.0990	0.0485	0.0222	0.0061
5	10	1.5523	1.9794	2.5864	3.3292	4.3596	5.3405	6.4348	7.6948
		0.4992	0.3993	0.2980	0.1995	0.0999	0.0496	0.0250	0.0100
6	12	1.5148	1.9803	2.5499	3.3131	4.4561	5.5088	6.5417	7.9540
		0.4961	0.3998	0.2993	0.1984	0.0996	0.0498	0.0250	0.0100
7	14	1.4802	1.9478	2.5091	3.2772	4.4791	5.5931	6.6535	8.0991
		0.4997	0.3997	0.2999	0.1999	0.0999	0.0500	0.0250	0.0100
8	16	1.4765	1.9247	2.4979	3.2673	4.5079	5.6630	6.7528	8.2262
		0.5000	0.3999	0.2999	0.1999	0.1000	0.0500	0.0250	0.0100
9	18	1.4623	1.9167	2.4817	3.2587	4.5220	5.7074	6.8495	8.3201
		0.4998	0.3998	0.2999	0.1998	0.1000	0.0500	0.0250	0.0100

A. 確率分布表

表 A.6 クッコニ検定の確率分布表

n_1	n_2	z $\Pr(CU \geq z)$							
5	5	0.7827 0.4921	1.1400 0.3889	1.3282 0.2857	1.7646 0.1984	2.2309 0.0952	2.5909 0.0476	3.2046 0.0238	3.4091 0.0079
6	6	0.8040 0.4978	1.0385 0.3961	1.3040 0.2987	1.7491 0.1991	2.2491 0.0996	2.7161 0.0433	3.0824 0.0238	3.7051 0.0065
7	7	0.7597 0.5000	1.0209 0.3957	1.2985 0.2978	1.6510 0.1999	2.2327 0.0997	2.7801 0.0490	3.2020 0.0245	3.6250 0.0099
8	8	0.7563 0.4988	0.9832 0.3969	1.2700 0.2990	1.6581 0.1989	2.2608 0.0993	2.7784 0.0497	3.2482 0.0249	3.8343 0.0098
9	9	0.7495 0.4991	0.9717 0.3991	1.2590 0.2993	1.6501 0.1998	2.2707 0.1000	2.8109 0.0500	3.3226 0.0250	3.8801 0.0100
10	10	0.7384 0.4994	0.9617 0.3997	1.2623 0.2986	1.6469 0.1998	2.2677 0.0996	2.8462 0.0499	3.3608 0.0250	3.9784 0.0100
11	11	0.7390 0.4991	0.9632 0.3999	1.2510 0.2999	1.6391 0.1998	2.2775 0.0999	2.8680 0.0499	3.3940 0.0249	4.0462 0.0100
12	12	0.7350 0.4997	0.9602 0.4000	1.2432 0.3000	1.6359 0.1999	2.2787 0.0999	2.8735 0.0500	3.4266 0.0250	4.0992 0.0100
13	13	0.7291 0.4997	0.9538 0.3999	1.2401 0.3000	1.6353 0.1998	2.2764 0.1000	2.8800 0.0499	3.4485 0.0250	4.1479 0.0100
4	8	0.7692 0.4990	1.0639 0.3939	1.2843 0.2970	1.6841 0.1980	2.1353 0.0990	2.5721 0.0485	3.1903 0.0222	4.3956 0.0061
5	10	0.7762 0.4992	0.9897 0.3993	1.2932 0.2980	1.6646 0.1995	2.1798 0.0999	2.6702 0.0496	3.2174 0.0250	3.8474 0.0100
6	12	0.7574 0.4961	0.9901 0.3998	1.2750 0.2993	1.6565 0.1984	2.2281 0.0996	2.7544 0.0498	3.2708 0.0250	3.9770 0.0100
7	14	0.7401 0.4997	0.9739 0.3997	1.2545 0.2999	1.6386 0.1999	2.2396 0.0999	2.7965 0.0500	3.3268 0.0250	4.0496 0.0100
8	16	0.7383 0.5000	0.9623 0.3999	1.2490 0.2999	1.6337 0.1999	2.2540 0.1000	2.8315 0.0500	3.3764 0.0250	4.1131 0.0100
9	18	0.7311 0.4998	0.9583 0.3998	1.2408 0.2999	1.6293 0.1998	2.2610 0.1000	2.8537 0.0500	3.4247 0.0250	4.1601 0.0100

表 A.7 2標本クラメール-フォン・ミーゼス検定の確率分布表

n_1	n_2	z / $\Pr(\text{CVM} \geq z)$							
5	5	0.1700	0.2100	0.2500	0.2900	0.4500	0.4900	0.6900	0.8500
		0.4286	0.3651	0.2619	0.1667	0.0873	0.0476	0.0159	0.0079
6	6	0.1528	0.2083	0.2361	0.2917	0.3750	0.5139	0.6250	0.7639
		0.4978	0.3009	0.2489	0.1753	0.0931	0.0390	0.0195	0.0087
7	7	0.1582	0.1786	0.2194	0.2806	0.3827	0.4847	0.5867	0.7704
		0.4359	0.3654	0.2786	0.1772	0.0932	0.0490	0.0233	0.0082
8	8	0.1406	0.1719	0.2188	0.2656	0.3750	0.4844	0.6094	0.7344
		0.4813	0.3848	0.2715	0.1915	0.0963	0.0482	0.0208	0.0098
9	9	0.1389	0.1759	0.2130	0.2623	0.3735	0.4846	0.5957	0.7315
		0.4864	0.3670	0.2754	0.1962	0.0933	0.0468	0.0231	0.0100
10	10	0.1350	0.1650	0.2050	0.2650	0.3650	0.4750	0.5950	0.7350
		0.4973	0.3895	0.2881	0.1895	0.0986	0.0498	0.0238	0.0099
11	11	0.1384	0.1632	0.2045	0.2624	0.3616	0.4773	0.5847	0.7417
		0.4731	0.3879	0.2869	0.1901	0.0994	0.0486	0.0246	0.0095
12	12	0.1319	0.1597	0.2014	0.2569	0.3611	0.4722	0.5903	0.7361
		0.4922	0.3962	0.2894	0.1957	0.0986	0.0493	0.0240	0.0097
13	13	0.1317	0.1612	0.1967	0.2559	0.3624	0.4749	0.5873	0.7352
		0.4890	0.3888	0.2970	0.1960	0.0976	0.0483	0.0244	0.0099
4	8	0.1528	0.1736	0.2049	0.2674	0.4028	0.4861	0.6111	0.7674
		0.4646	0.3960	0.2990	0.1899	0.0889	0.0485	0.0242	0.0081
5	10	0.1356	0.1689	0.2022	0.2689	0.3689	0.4689	0.6022	0.7222
		0.4815	0.3883	0.2967	0.1921	0.0986	0.0493	0.0220	0.0100
6	12	0.1343	0.1620	0.2037	0.2546	0.3611	0.4676	0.5833	0.7222
		0.4933	0.3956	0.2929	0.1997	0.0984	0.0496	0.0239	0.0095
7	14	0.1315	0.1587	0.1995	0.2574	0.3594	0.4683	0.5839	0.7200
		0.4933	0.3961	0.2933	0.1953	0.0986	0.0499	0.0245	0.0100
8	16	0.1311	0.1571	0.1962	0.2535	0.3576	0.4670	0.5816	0.7248
		0.4896	0.3983	0.2964	0.1982	0.0994	0.0499	0.0247	0.0099
9	18	0.1276	0.1564	0.1955	0.2510	0.3560	0.4671	0.5782	0.7284
		0.4985	0.3965	0.2961	0.1990	0.0998	0.0498	0.0250	0.0099

表 A.8 修正型バウムガートナー検定の確率分布表

n_1	n_2	b $\Pr(B^* \geq b)$							
5	5	0.7331	0.9304	1.2918	1.4395	2.1458	2.8700	4.1924	5.5364
		0.4603	0.3968	0.2619	0.1984	0.0952	0.0476	0.0159	0.0079
6	6	0.7450	0.9365	1.1279	1.5019	2.0752	2.8739	3.7923	4.7396
		0.4978	0.3896	0.2836	0.1883	0.0996	0.0433	0.0195	0.0087
7	7	0.7248	0.8736	1.1329	1.4697	2.0790	2.8048	3.3799	4.7220
		0.4988	0.3986	0.2960	0.1911	0.0997	0.0478	0.0245	0.0082
8	8	0.7288	0.8969	1.1166	1.4194	2.0873	2.7234	3.4865	4.4622
		0.4987	0.3953	0.2988	0.1995	0.0999	0.0499	0.0241	0.0098
9	9	0.7243	0.8905	1.1110	1.4294	2.0391	2.7235	3.4192	4.4068
		0.4977	0.3995	0.2993	0.1999	0.1000	0.0499	0.0249	0.0100
10	10	0.7276	0.8894	1.1040	1.4261	2.0404	2.7005	3.3966	4.3595
		0.4999	0.3997	0.2999	0.2000	0.0999	0.0500	0.0249	0.0100
11	11	0.7258	0.8932	1.1031	1.4327	2.0349	2.6916	3.3913	4.3502
		0.5000	0.3998	0.3000	0.1999	0.1000	0.0500	0.0250	0.0100
12	12	0.7305	0.8919	1.1043	1.4298	2.0320	2.6843	3.3756	4.3400
		0.5000	0.4000	0.2999	0.2000	0.1000	0.0500	0.0250	0.0100
13	13	0.7333	0.8918	1.1075	1.4277	2.0274	2.6791	3.3642	4.3194
		0.5000	0.4000	0.3000	0.2000	0.1000	0.0500	0.0250	0.0100
4	8	0.7277	0.9122	1.1315	1.4377	2.1916	2.7561	3.5610	4.8515
		0.4990	0.4000	0.2990	0.2000	0.0970	0.0485	0.0242	0.0081
5	10	0.7286	0.8999	1.0953	1.4376	2.0767	2.7036	3.4969	4.3263
		0.4995	0.3993	0.2997	0.1995	0.0999	0.0500	0.0246	0.0100
6	12	0.7283	0.8814	1.1033	1.4399	2.0355	2.7184	3.4188	4.3783
		0.4998	0.4000	0.2998	0.2000	0.0999	0.0500	0.0250	0.0099
7	14	0.7266	0.8864	1.1099	1.4332	2.0391	2.6998	3.3919	4.3597
		0.5000	0.4000	0.3000	0.2000	0.1000	0.0500	0.0250	0.0100
8	16	0.7284	0.8901	1.1086	1.4283	2.0372	2.6864	3.3857	4.3332
		0.5000	0.4000	0.3000	0.2000	0.1000	0.0500	0.0250	0.0100
9	18	0.7310	0.8933	1.1069	1.4286	2.0291	2.6798	3.3652	4.3181
		0.5000	0.4000	0.3000	0.2000	0.1000	0.0500	0.0250	0.0100

表 **A.9** クラスカル–ウォリス検定の確率分布表

n_1	n_2	n_3	z $\Pr(H \geq z)$							
3	3	3	1.8667	2.2222	2.7556	3.4667	4.6222	5.6000	5.9556	7.2000
			0.4393	0.3821	0.2964	0.1964	0.1000	0.0500	0.0250	0.0036
3	3	4	1.6182	2.2000	2.6636	3.3909	4.7091	5.7909	6.1546	6.7455
			0.4971	0.3886	0.2910	0.1957	0.0924	0.0457	0.0248	0.0100
3	3	5	1.5758	2.0606	2.6788	3.4424	4.5333	5.6485	6.3152	7.0788
			0.4911	0.3929	0.2983	0.1963	0.0970	0.0489	0.0212	0.0087
3	4	4	1.5985	2.0530	2.6364	3.4167	4.5455	5.5985	6.3939	7.1439
			0.4895	0.3879	0.2899	0.1948	0.0990	0.0487	0.0248	0.0097
3	4	5	1.5064	1.9641	2.5731	3.3180	4.5487	5.6564	6.4103	7.4449
			0.4952	0.3999	0.2942	0.1990	0.0989	0.0486	0.0250	0.0097
3	5	5	1.5121	1.9780	2.5934	3.4286	4.5451	5.7055	6.5495	7.5780
			0.4973	0.3927	0.2992	0.1947	0.0997	0.0461	0.0244	0.0097
4	4	4	1.6539	2.0000	2.5769	3.5000	4.6539	5.6923	6.6154	7.6539
			0.4803	0.3967	0.2958	0.1965	0.0966	0.0487	0.0242	0.0076
4	4	5	1.5330	2.0473	2.5582	3.3824	4.6681	5.6571	6.6725	7.7604
			0.4928	0.3875	0.2989	0.1969	0.0982	0.0491	0.0243	0.0095
4	5	5	1.5514	1.9857	2.5114	3.3114	4.5229	5.6657	6.7600	7.8229
			0.4980	0.3980	0.2981	0.1997	0.0993	0.0493	0.0249	0.0098
5	5	5	1.5200	2.0000	2.5800	3.4200	4.5600	5.7800	6.7400	8.0000
			0.4969	0.3896	0.2938	0.1905	0.0995	0.0488	0.0248	0.0095

A. 確率分布表

表 A.10 多標本ムード検定の確率分布表

n_1	n_2	n_3	z $\Pr(\text{MK} \geq z)$							
3	3	3	1.8701	2.1991	2.9610	3.4459	4.2078	5.9394	6.7013	—
			0.4357	0.4000	0.2929	0.1643	0.1000	0.0500	0.0071	—
3	3	4	1.6761	2.1591	2.6591	3.4489	4.2216	5.5000	6.7216	7.2727
			0.4876	0.3981	0.2933	0.1990	0.0981	0.0476	0.0190	0.0076
3	3	5	1.5913	2.1756	2.5035	3.3007	4.4460	5.3162	6.9992	7.3722
			0.4996	0.3905	0.2952	0.1957	0.0996	0.0481	0.0225	0.0091
3	4	4	1.5802	2.0727	2.5826	3.3547	4.4114	5.5866	6.3432	7.6282
			0.4961	0.3997	0.2992	0.1981	0.0977	0.0494	0.0230	0.0085
3	4	5	1.5731	2.0258	2.6769	3.3313	4.4462	5.3341	6.4522	7.6170
			0.4978	0.3999	0.2961	0.1986	0.0996	0.0499	0.0249	0.0096
3	5	5	1.5201	2.0460	2.5686	3.2823	4.3501	5.5033	6.3297	7.9057
			0.4998	0.3991	0.2993	0.2000	0.0997	0.0479	0.0249	0.0090
4	4	4	1.4890	2.0495	2.5110	3.4341	4.5550	5.3462	6.4341	7.4066
			0.4925	0.3947	0.2980	0.1946	0.0975	0.0495	0.0222	0.0095
4	4	5	1.5087	1.9843	2.5550	3.3165	4.4847	5.4632	6.3623	7.4652
			0.4982	0.3988	0.2984	0.2000	0.0985	0.0489	0.0250	0.0099
4	5	5	1.4893	1.9509	2.5580	3.3080	4.4893	5.6000	6.4071	7.7643
			0.4997	0.3991	0.2979	0.1992	0.0999	0.0499	0.0246	0.0097
5	5	5	1.5005	1.9348	2.5199	3.3045	4.5561	5.6529	6.5977	7.5941
			0.4980	0.3995	0.2997	0.1999	0.0996	0.0497	0.0250	0.0099

表 A.11 多標本アンサリー–ブラッドレー検定の確率分布表

n_1	n_2	n_3	z $\Pr(\text{ABK} \geq z)$							
3	3	3	1.8286	2.1714	2.8571	4.2286	4.9143	5.6000	5.9429	6.9714
			0.4571	0.4071	0.3000	0.1429	0.1000	0.0643	0.0214	0.0071
3	3	4	1.9500	2.0625	2.7000	3.5625	4.8000	5.7000	6.5625	7.0500
			0.4600	0.3895	0.2829	0.1800	0.0905	0.0400	0.0190	0.0076
3	3	5	1.6731	2.0043	2.7140	3.4237	4.5118	5.6946	6.6409	7.2086
			0.4788	0.3961	0.2905	0.1909	0.0991	0.0494	0.0165	0.0100
3	4	4	1.6022	2.1344	2.5484	3.5538	4.7661	5.5941	6.5403	7.1613
			0.4887	0.3950	0.2963	0.1903	0.0947	0.0476	0.0242	0.0088
3	4	5	1.7391	2.2157	2.6348	3.3943	4.6462	5.9871	6.4062	7.7891
			0.4760	0.3522	0.2921	0.1942	0.0893	0.0434	0.0240	0.0084
3	5	5	1.5309	2.0837	2.6020	3.3276	4.6751	5.6771	6.6445	7.5429
			0.4903	0.3932	0.2844	0.1992	0.0865	0.0478	0.0248	0.0099
4	4	4	1.8857	2.5143	2.9857	3.9286	4.8714	6.1286	6.7571	8.1714
			0.4800	0.3217	0.2757	0.1607	0.0911	0.0383	0.0244	0.0047
4	4	5	1.5827	2.0103	2.5286	3.3967	4.6665	5.7230	6.6229	7.6724
			0.4871	0.3992	0.2953	0.1929	0.0953	0.0499	0.0244	0.0099
4	5	5	1.4857	2.0545	2.6464	3.3429	4.6429	5.8616	6.7902	7.8464
			0.4918	0.3868	0.2834	0.1935	0.0987	0.0490	0.0249	0.0097
5	5	5	1.6053	2.0000	2.6316	3.5000	4.6053	5.8684	7.0526	8.0790
			0.4949	0.3967	0.2850	0.1891	0.0943	0.0443	0.0206	0.0090

A. 確率分布表

表 A.12 多標本レページ検定の確率分布表

n_1	n_2	n_3	z $\Pr(\mathrm{TS}_3 \geq z)$							
3	3	3	3.8603	4.2667	4.8508	5.7143	7.0857	7.8222	9.1429	12.8000
			0.4964	0.3964	0.3000	0.2000	0.0964	0.0500	0.0179	0.0036
3	3	4	3.7273	4.2898	4.9352	5.7625	7.0546	7.9443	8.8409	10.0455
			0.4995	0.3986	0.2995	0.1971	0.0990	0.0486	0.0233	0.0100
3	3	5	3.6966	4.2643	4.9095	5.7689	7.0342	8.1822	8.9697	10.4172
			0.4970	0.3994	0.2994	0.1996	0.0996	0.0494	0.0249	0.0095
3	4	4	3.7908	4.3001	5.0078	5.7732	7.0323	8.2336	9.1241	10.1525
			0.4990	0.3983	0.2989	0.1995	0.0994	0.0495	0.0249	0.0099
3	4	5	3.6758	4.2895	4.9356	5.8379	7.1331	8.2238	9.3649	10.4332
			0.4999	0.4000	0.2998	0.2000	0.0999	0.0500	0.0250	0.0100
3	5	5	3.6670	4.2599	4.9513	5.8333	7.2035	8.3410	9.5280	10.7322
			0.5000	0.3999	0.2997	0.1997	0.0997	0.0498	0.0248	0.0100
4	4	4	3.7022	4.2813	4.9868	5.8890	7.0308	8.1978	9.4275	10.6396
			0.4989	0.3998	0.2992	0.1997	0.0999	0.0495	0.0248	0.0090
4	4	5	3.6874	4.2685	4.9877	5.8813	7.1669	8.3853	9.3997	10.7172
			0.5000	0.3996	0.2995	0.1996	0.0999	0.0500	0.0250	0.0100
4	5	5	3.6579	4.2716	4.9716	5.8843	7.2429	8.4543	9.5386	10.9559
			0.5000	0.4000	0.3000	0.2000	0.0999	0.0500	0.0249	0.0100
5	5	5	3.6463	4.2905	4.9874	5.9011	7.2716	8.5495	9.6779	11.0000
			0.4998	0.3998	0.2994	0.1996	0.0999	0.0498	0.0248	0.0100

表 **A.13** 多標本レページ型検定の確率分布表

n_1	n_2	n_3	z $\Pr(\text{TS}_4 \geq z)$							
3	3	3	3.8026	4.3452	4.8647	5.8828	6.8872	7.5313	8.5610	11.4078
			0.5000	0.3964	0.3000	0.1964	0.1000	0.0500	0.0250	0.0036
3	3	4	3.7455	4.3000	4.8682	5.6580	7.0727	7.7682	8.6864	9.8398
			0.4981	0.3990	0.2990	0.1995	0.1000	0.0500	0.0243	0.0100
3	3	5	3.7221	4.2194	4.9001	5.6889	7.0334	8.2250	8.9026	10.1321
			0.5000	0.3998	0.2998	0.1996	0.0998	0.0498	0.0249	0.0100
3	4	4	3.7405	4.3194	4.9130	5.7358	6.9992	8.1857	8.8640	9.9479
			0.4999	0.3991	0.2999	0.2000	0.0999	0.0499	0.0249	0.0097
3	4	5	3.3663	4.2619	4.9319	5.7399	7.0324	8.3438	9.1949	10.168
			0.4999	0.3999	0.3000	0.1999	0.1000	0.0500	0.0250	0.0100
3	5	5	3.6747	4.2550	4.9087	5.8054	7.0761	8.3501	9.4897	10.5095
			0.5000	0.4000	0.3000	0.1999	0.0999	0.0500	0.0249	0.0100
4	4	4	3.7308	4.3132	5.0000	5.7473	7.0000	8.2637	9.2033	10.1923
			0.4992	0.3997	0.2992	0.1995	0.0990	0.0494	0.2480	0.0097
4	4	5	3.6743	4.2737	4.9702	5.8154	7.1149	8.2933	9.4370	10.4943
			0.5000	0.3998	0.2999	0.2000	0.0999	0.0499	0.0250	0.0100
4	5	5	3.6600	4.2652	4.9536	5.8550	7.1309	8.3409	9.4909	10.6914
			0.5000	0.3999	0.3000	0.2000	0.1000	0.0500	0.0250	0.0100
5	5	5	3.6530	4.2699	4.9703	5.8701	7.2257	8.3942	9.5215	10.9598
			0.5000	0.3998	0.3000	0.1999	0.1000	0.0500	0.0250	0.0100

A. 確率分布表

表 A.14 多標本バウムガートナー検定の確率分布表

n_1	n_2	n_3	z $\Pr(TS_6 \geq z)$							
3	3	3	1.9012	2.0000	2.3704	3.3580	3.7284	4.7161	4.8642	6.2222
			0.4714	0.3714	0.3000	0.1714	0.1000	0.0393	0.0250	0.0036
3	3	4	1.7125	1.9401	2.2858	2.8062	3.7222	4.4292	4.8727	5.4977
			0.4995	0.3995	0.2995	0.1971	0.1000	0.0495	0.0233	0.0090
3	3	5	1.6727	1.9628	2.3298	2.7848	3.6848	4.4747	5.0278	5.7817
			0.4996	0.3994	0.2998	0.2000	0.0985	0.0496	0.0247	0.0097
3	4	4	1.7112	1.9620	2.3445	2.7617	3.7240	4.4565	4.9701	5.8768
			0.4996	0.3995	0.2994	0.1990	0.0973	0.0497	0.0249	0.0094
3	4	5	1.6991	1.9496	2.3015	2.8059	3.6569	4.4043	5.1209	5.9383
			0.5000	0.4000	0.3000	0.2000	0.1000	0.0500	0.0250	0.0100
3	5	5	1.6918	1.9651	2.2934	2.7744	3.6671	4.3771	5.1252	6.0045
			0.4999	0.3999	0.2998	0.1999	0.0999	0.0500	0.0250	0.0100
4	4	4	1.7220	2.0184	2.3470	2.8037	3.6170	4.4744	5.1314	6.0689
			0.4923	0.3943	0.2973	0.1941	0.0999	0.0495	0.0246	0.0094
4	4	5	1.6713	1.9596	2.3311	2.7970	3.5999	4.4797	5.2226	6.0908
			0.5000	0.4000	0.2999	0.2000	0.1000	0.0497	0.0250	0.0097
4	5	5	1.6768	1.9507	2.3099	2.7928	3.5996	4.4404	5.2609	6.1361
			0.5000	0.3998	0.3000	0.2000	0.0998	0.0500	0.0250	0.0100
5	5	5	1.6905	1.9594	2.2913	2.8128	3.6289	4.3838	5.2372	6.2475
			0.5000	0.3996	0.2988	0.1985	0.0999	0.0500	0.0250	0.0099

表 A.15 正規分布

x	\multicolumn{10}{c}{$\Pr(X \geq x) = \alpha$}
	0.00	0.01	0.02	0.03	0.04	0.05	0.06	0.07	0.08	0.09
0.0	0.5000	0.4960	0.4920	0.4880	0.4840	0.4801	0.4761	0.4721	0.4681	0.4641
0.1	0.4602	0.4562	0.4522	0.4483	0.4443	0.4404	0.4364	0.4325	0.4286	0.4247
0.2	0.4207	0.4168	0.4129	0.4090	0.4052	0.4013	0.3974	0.3936	0.3897	0.3859
0.3	0.3821	0.3783	0.3745	0.3707	0.3669	0.3632	0.3594	0.3557	0.3520	0.3483
0.4	0.3446	0.3409	0.3372	0.3336	0.3300	0.3264	0.3228	0.3192	0.3156	0.3121
0.5	0.3085	0.3050	0.3015	0.2981	0.2946	0.2912	0.2877	0.2843	0.2810	0.2776
0.6	0.2743	0.2709	0.2676	0.2643	0.2611	0.2578	0.2546	0.2514	0.2483	0.2451
0.7	0.2420	0.2389	0.2358	0.2327	0.2296	0.2266	0.2236	0.2206	0.2177	0.2148
0.8	0.2119	0.2090	0.2061	0.2033	0.2005	0.1977	0.1949	0.1922	0.1894	0.1867
0.9	0.1841	0.1814	0.1788	0.1762	0.1736	0.1711	0.1685	0.1660	0.1635	0.1611
1.0	0.1587	0.1562	0.1539	0.1515	0.1492	0.1469	0.1446	0.1423	0.1401	0.1379
1.1	0.1357	0.1335	0.1314	0.1292	0.1271	0.1251	0.1230	0.1210	0.1190	0.1170
1.2	0.1151	0.1131	0.1112	0.1093	0.1075	0.1056	0.1038	0.1020	0.1003	0.0985
1.3	0.0968	0.0951	0.0934	0.0918	0.0901	0.0885	0.0869	0.0853	0.0838	0.0823
1.4	0.0808	0.0793	0.0778	0.0764	0.0749	0.0735	0.0721	0.0708	0.0694	0.0681
1.5	0.0668	0.0655	0.0643	0.0630	0.0618	0.0606	0.0594	0.0582	0.0571	0.0559
1.6	0.0548	0.0537	0.0526	0.0516	0.0505	0.0495	0.0485	0.0475	0.0465	0.0455
1.7	0.0446	0.0436	0.0427	0.0418	0.0409	0.0401	0.0392	0.0384	0.0375	0.0367
1.8	0.0359	0.0351	0.0344	0.0336	0.0329	0.0322	0.0314	0.0307	0.0301	0.0294
1.9	0.0287	0.0281	0.0274	0.0268	0.0262	0.0256	0.0250	0.0244	0.0239	0.0233
2.0	0.0228	0.0222	0.0217	0.0212	0.0207	0.0202	0.0197	0.0192	0.0188	0.0183
2.1	0.0179	0.0174	0.0170	0.0166	0.0162	0.0158	0.0154	0.0150	0.0146	0.0143
2.2	0.0139	0.0136	0.0132	0.0129	0.0125	0.0122	0.0119	0.0116	0.0113	0.0110
2.3	0.0107	0.0104	0.0102	0.0099	0.0096	0.0094	0.0091	0.0089	0.0087	0.0084
2.4	0.0082	0.0080	0.0078	0.0075	0.0073	0.0071	0.0069	0.0068	0.0066	0.0064
2.5	0.0062	0.0060	0.0059	0.0057	0.0055	0.0054	0.0052	0.0051	0.0049	0.0048
2.6	0.0047	0.0045	0.0044	0.0043	0.0041	0.0040	0.0039	0.0038	0.0037	0.0036
2.7	0.0035	0.0034	0.0033	0.0032	0.0031	0.0030	0.0029	0.0028	0.0027	0.0026
2.8	0.0026	0.0025	0.0024	0.0023	0.0023	0.0022	0.0021	0.0021	0.0020	0.0019
2.9	0.0019	0.0018	0.0018	0.0017	0.0016	0.0016	0.0015	0.0015	0.0014	0.0014
3.0	0.0013	0.0013	0.0013	0.0012	0.0012	0.0011	0.0011	0.0011	0.0010	0.0010

A. 確率分布表

表 A.16 χ^2 分布

自由度	\multicolumn{8}{c}{$\Pr(X \geq x) = \alpha$}							
	0.990	0.975	0.950	0.900	0.100	0.050	0.025	0.010
1	0.000	0.001	0.004	0.016	2.706	3.841	5.024	6.635
2	0.020	0.051	0.103	0.211	4.605	5.991	7.378	9.210
3	0.115	0.216	0.352	0.584	6.251	7.815	9.348	11.345
4	0.297	0.484	0.711	1.064	7.779	9.488	11.143	13.277
5	0.554	0.831	1.145	1.610	9.236	11.070	12.833	15.086
6	0.872	1.237	1.635	2.204	10.645	12.592	14.449	16.812
7	1.239	1.690	2.167	2.833	12.017	14.067	16.013	18.475
8	1.646	2.180	2.733	3.490	13.362	15.507	17.535	20.090
9	2.088	2.700	3.325	4.168	14.684	16.919	19.023	21.666
10	2.558	3.247	3.940	4.865	15.987	18.307	20.483	23.209
11	3.053	3.816	4.575	5.578	17.275	19.675	21.920	24.725
12	3.571	4.404	5.226	6.304	18.549	21.026	23.337	26.217
13	4.107	5.009	5.892	7.042	19.812	22.362	24.736	27.688
14	4.660	5.629	6.571	7.790	21.064	23.685	26.119	29.141
15	5.229	6.262	7.261	8.547	22.307	24.996	27.488	30.578
16	5.812	6.908	7.962	9.312	23.542	26.296	28.845	32.000
17	6.408	7.564	8.672	10.085	24.769	27.587	30.191	33.409
18	7.015	8.231	9.390	10.865	25.989	28.869	31.526	34.805
19	7.633	8.907	10.117	11.651	27.204	30.144	32.852	36.191
20	8.260	9.591	10.851	12.443	28.412	31.410	34.170	37.566
21	8.897	10.283	11.591	13.240	29.615	32.671	35.479	38.932
22	9.542	10.982	12.338	14.041	30.813	33.924	36.781	40.289
23	10.196	11.689	13.091	14.848	32.007	35.172	38.076	41.638
24	10.856	12.401	13.848	15.659	33.196	36.415	39.364	42.980
25	11.524	13.120	14.611	16.473	34.382	37.652	40.646	44.314
30	14.953	16.791	18.493	20.599	40.256	43.773	46.979	50.892
40	22.164	24.433	26.509	29.051	51.805	55.758	59.342	63.691
50	29.707	32.357	34.764	37.689	63.167	67.505	71.420	76.154
60	37.485	40.482	43.188	46.459	74.397	79.082	83.298	88.379
70	45.442	48.758	51.739	55.329	85.527	90.531	95.023	100.425
100	70.065	74.222	77.929	82.358	118.498	124.342	129.561	135.807

表 A.17 コルモゴロフ–スミルノフ検定の極限分布表

z	$\Pr(KS \leq z)$	z	$\Pr(KS \leq z)$	z	$\Pr(KS \leq z)$
0.33	0.0001	0.65	0.2080	0.97	0.6964
0.34	0.0002	0.66	0.2236	0.98	0.7079
0.35	0.0003	0.67	0.2396	0.99	0.7191
0.36	0.0005	0.68	0.2558	1.00	0.7300
0.37	0.0008	0.69	0.2722	1.01	0.7406
0.38	0.0013	0.70	0.2888	1.02	0.7508
0.39	0.0019	0.71	0.3055	1.03	0.7608
0.40	0.0028	0.72	0.3223	1.04	0.7704
0.41	0.0040	0.73	0.3391	1.05	0.7798
0.42	0.0055	0.74	0.3560	1.06	0.7889
0.43	0.0074	0.75	0.3728	1.07	0.7976
0.44	0.0097	0.76	0.3896	1.08	0.8061
0.45	0.0126	0.77	0.4064	1.09	0.8143
0.46	0.0160	0.78	0.4230	1.10	0.8223
0.47	0.0200	0.79	0.4395	1.11	0.8300
0.48	0.0247	0.80	0.4559	1.12	0.8374
0.49	0.0300	0.81	0.4720	1.13	0.8445
0.50	0.0361	0.82	0.4880	1.14	0.8514
0.51	0.0428	0.83	0.5038	1.15	0.8580
0.52	0.0503	0.84	0.5194	1.16	0.8644
0.53	0.0585	0.85	0.5347	1.17	0.8706
0.54	0.0675	0.86	0.5497	1.18	0.8765
0.55	0.0772	0.87	0.5645	1.19	0.8823
0.56	0.0876	0.88	0.5791	1.20	0.8878
0.57	0.0987	0.89	0.5933	1.21	0.8930
0.58	0.1104	0.90	0.6073	1.22	0.8981
0.59	0.1228	0.91	0.6209	1.23	0.9030
0.60	0.1357	0.92	0.6343	1.24	0.9076
0.61	0.1492	0.93	0.6473	1.25	0.9121
0.62	0.1633	0.94	0.6601	1.26	0.9164
0.63	0.1778	0.95	0.6725	1.27	0.9206
0.64	0.1927	0.96	0.6846	1.28	0.9245

A. 確率分布表

(表 A.17 つづき)

z	$\Pr(\text{KS} \leq z)$	z	$\Pr(\text{KS} \leq z)$	z	$\Pr(\text{KS} \leq z)$
1.29	0.9283	1.61	0.9888	1.93	0.9988
1.30	0.9319	1.62	0.9895	1.94	0.9989
1.31	0.9354	1.63	0.9902	1.95	0.9990
1.32	0.9387	1.64	0.9908	1.96	0.9991
1.33	0.9418	1.65	0.9914	1.97	0.9991
1.34	0.9449	1.66	0.9919	1.98	0.9992
1.35	0.9478	1.67	0.9924	1.99	0.9993
1.36	0.9505	1.68	0.9929	2.00	0.9993
1.37	0.9531	1.69	0.9934	2.01	0.9994
1.38	0.9557	1.70	0.9938	2.02	0.9994
1.39	0.9580	1.71	0.9942	2.03	0.9995
1.40	0.9603	1.72	0.9946	2.04	0.9995
1.41	0.9625	1.73	0.9950	2.05	0.9996
1.42	0.9646	1.74	0.9953	2.06	0.9996
1.43	0.9665	1.75	0.9956	2.07	0.9996
1.44	0.9684	1.76	0.9959	2.08	0.9997
1.45	0.9702	1.77	0.9962	2.09	0.9997
1.46	0.9718	1.78	0.9965	2.10	0.9997
1.47	0.9734	1.79	0.9967	2.11	0.9997
1.48	0.9750	1.80	0.9969	2.12	0.9998
1.49	0.9764	1.81	0.9971	2.13	0.9998
1.50	0.9778	1.82	0.9973	2.14	0.9998
1.51	0.9791	1.83	0.9975	2.15	0.9998
1.52	0.9803	1.84	0.9977	2.16	0.9998
1.53	0.9815	1.85	0.9979	2.17	0.9998
1.54	0.9826	1.86	0.9980	2.18	0.9998
1.55	0.9836	1.87	0.9982	2.19	0.9999
1.56	0.9846	1.88	0.9983	2.20	0.9999
1.57	0.9855	1.89	0.9984	2.21	0.9999
1.58	0.9864	1.90	0.9985	2.22	0.9999
1.59	0.9873	1.91	0.9986	2.23	0.9999
1.60	0.9880	1.92	0.9987	2.24	0.9999

表 A.18 片側コルモゴロフ–スミルノフ検定の極限分布表

z	$\Pr(KS^+ \leq z)$	z	$\Pr(KS^+ \leq z)$	z	$\Pr(KS^+ \leq z)$
0.01	0.0002	0.33	0.1957	0.65	0.5704
0.02	0.0008	0.34	0.2064	0.66	0.5816
0.03	0.0018	0.35	0.2173	0.67	0.5925
0.04	0.0032	0.36	0.2283	0.68	0.6034
0.05	0.0050	0.37	0.2395	0.69	0.6141
0.06	0.0072	0.38	0.2508	0.70	0.6247
0.07	0.0098	0.39	0.2623	0.71	0.6351
0.08	0.0127	0.40	0.2739	0.72	0.6454
0.09	0.0161	0.41	0.2855	0.73	0.6555
0.10	0.0198	0.42	0.2973	0.74	0.6655
0.11	0.0239	0.43	0.3091	0.75	0.6753
0.12	0.0284	0.44	0.3210	0.76	0.6850
0.13	0.0332	0.45	0.3330	0.77	0.6945
0.14	0.0384	0.46	0.3451	0.78	0.7038
0.15	0.0440	0.47	0.3571	0.79	0.7130
0.16	0.0499	0.48	0.3692	0.80	0.7220
0.17	0.0562	0.49	0.3814	0.81	0.7308
0.18	0.0627	0.50	0.3935	0.82	0.7394
0.19	0.0697	0.51	0.4056	0.83	0.7479
0.20	0.0769	0.52	0.4177	0.84	0.7562
0.21	0.0844	0.53	0.4298	0.85	0.7643
0.22	0.0923	0.54	0.4419	0.86	0.7722
0.23	0.1004	0.55	0.4539	0.87	0.7799
0.24	0.1088	0.56	0.4659	0.88	0.7875
0.25	0.1175	0.57	0.4779	0.89	0.7949
0.26	0.1265	0.58	0.4897	0.90	0.8021
0.27	0.1357	0.59	0.5015	0.91	0.8091
0.28	0.1451	0.60	0.5132	0.92	0.8160
0.29	0.1548	0.61	0.5249	0.93	0.8227
0.30	0.1647	0.62	0.5364	0.94	0.8292
0.31	0.1749	0.63	0.5479	0.95	0.8355
0.32	0.1852	0.64	0.5592	0.96	0.8417

A. 確率分布表

(表 A.18 つづき)

z	$\Pr(KS^+ \leq z)$	z	$\Pr(KS^+ \leq z)$	z	$\Pr(KS^+ \leq z)$
0.97	0.8477	1.29	0.9641	1.61	0.9947
0.98	0.8535	1.30	0.9660	1.62	0.9951
0.99	0.8592	1.31	0.9677	1.63	0.9954
1.00	0.8647	1.32	0.9693	1.64	0.9957
1.01	0.8700	1.33	0.9709	1.65	0.9960
1.02	0.8752	1.34	0.9724	1.66	0.9962
1.03	0.8802	1.35	0.9739	1.67	0.9965
1.04	0.8850	1.36	0.9753	1.68	0.9967
1.05	0.8897	1.37	0.9766	1.69	0.9969
1.06	0.8943	1.38	0.9778	1.70	0.9971
1.07	0.8987	1.39	0.9790	1.71	0.9973
1.08	0.9030	1.40	0.9802	1.72	0.9975
1.09	0.9071	1.41	0.9812	1.73	0.9977
1.10	0.9111	1.42	0.9823	1.74	0.9978
1.11	0.9149	1.43	0.9833	1.75	0.9980
1.12	0.9186	1.44	0.9842	1.76	0.9981
1.13	0.9222	1.45	0.9851	1.77	0.9982
1.14	0.9257	1.46	0.9859	1.78	0.9984
1.15	0.9290	1.47	0.9867	1.79	0.9985
1.16	0.9322	1.48	0.9875	1.80	0.9986
1.17	0.9353	1.49	0.9882	1.81	0.9987
1.18	0.9383	1.50	0.9889	1.82	0.9988
1.19	0.9411	1.51	0.9895	1.83	0.9989
1.20	0.9439	1.52	0.9901	1.84	0.9989
1.21	0.9465	1.53	0.9907	1.85	0.9990
1.22	0.9490	1.54	0.9913	1.86	0.9991
1.23	0.9515	1.55	0.9923	1.87	0.9992
1.24	0.9538	1.56	0.9928	1.88	0.9993
1.25	0.9561	1.57	0.9932	1.89	0.9993
1.26	0.9582	1.58	0.9936	1.90	0.9994
1.27	0.9603	1.59	0.9940	1.91	0.9994
1.28	0.9623	1.60	0.9944	1.92	0.9995

表 A.19 クラメール–フォン・ミーゼス検定の極限分布表

z	$\Pr(\text{CVM} \leq z)$	z	$\Pr(\text{CVM} \leq z)$	z	$\Pr(\text{CVM} \leq z)$
0.025	0.0104	0.185	0.7015	0.345	0.8985
0.030	0.0238	0.190	0.7123	0.350	0.9017
0.035	0.0430	0.195	0.7226	0.355	0.9047
0.040	0.0669	0.200	0.7325	0.360	0.9076
0.045	0.0941	0.205	0.7420	0.365	0.9104
0.050	0.1237	0.210	0.7511	0.370	0.9132
0.055	0.1546	0.215	0.7598	0.375	0.9158
0.060	0.1860	0.220	0.7681	0.380	0.9184
0.065	0.2174	0.225	0.7762	0.385	0.9208
0.070	0.2484	0.230	0.7838	0.390	0.9232
0.075	0.2787	0.235	0.7912	0.395	0.9255
0.080	0.3081	0.240	0.7983	0.400	0.9278
0.085	0.3365	0.245	0.8051	0.405	0.9299
0.090	0.3639	0.250	0.8116	0.410	0.9320
0.095	0.3901	0.255	0.8179	0.415	0.9340
0.100	0.4151	0.260	0.8240	0.420	0.9360
0.105	0.4391	0.265	0.8298	0.425	0.9379
0.110	0.4620	0.270	0.8354	0.430	0.9397
0.115	0.4838	0.275	0.8407	0.435	0.9415
0.120	0.5046	0.280	0.8459	0.440	0.9432
0.125	0.5244	0.285	0.8509	0.445	0.9449
0.130	0.5433	0.290	0.8557	0.450	0.9465
0.135	0.5613	0.295	0.8604	0.455	0.9481
0.140	0.5785	0.300	0.8648	0.460	0.9496
0.145	0.5948	0.305	0.8691	0.465	0.9511
0.150	0.6104	0.310	0.8733	0.470	0.9525
0.155	0.6253	0.315	0.8773	0.475	0.9539
0.160	0.6395	0.320	0.8812	0.480	0.9552
0.165	0.6531	0.325	0.8849	0.485	0.9565
0.170	0.6660	0.330	0.8885	0.490	0.9578
0.175	0.6784	0.335	0.8920	0.495	0.9590
0.180	0.6902	0.340	0.8953	0.500	0.9602

A. 確率分布表

(表 A.19 つづき)

z	$\Pr(\mathrm{CVM} \leq z)$	z	$\Pr(\mathrm{CVM} \leq z)$	z	$\Pr(\mathrm{CVM} \leq z)$
0.505	0.9613	0.665	0.9845	0.825	0.9936
0.510	0.9624	0.670	0.9849	0.830	0.9938
0.515	0.9635	0.675	0.9853	0.835	0.9940
0.520	0.9645	0.680	0.9858	0.840	0.9941
0.525	0.9656	0.685	0.8761	0.845	0.9943
0.530	0.9665	0.690	0.9865	0.850	0.9944
0.535	0.9675	0.695	0.9869	0.855	0.9946
0.540	0.9684	0.700	0.9873	0.860	0.9947
0.545	0.9693	0.705	0.9876	0.865	0.9949
0.550	0.9702	0.710	0.9880	0.870	0.9950
0.555	0.9710	0.715	0.9883	0.875	0.9952
0.560	0.9719	0.720	0.9886	0.880	0.9953
0.565	0.9727	0.725	0.9889	0.885	0.9954
0.570	0.9734	0.730	0.9892	0.890	0.9955
0.575	0.9742	0.735	0.9895	0.895	0.9957
0.580	0.9749	0.740	0.9898	0.900	0.9958
0.585	0.9756	0.745	0.9901	0.905	0.9959
0.590	0.9763	0.750	0.9904	0.910	0.9960
0.595	0.9770	0.755	0.9906	0.915	0.9961
0.600	0.9776	0.760	0.9909	0.920	0.9962
0.605	0.9782	0.765	0.9911	0.925	0.9963
0.610	0.9789	0.770	0.9914	0.930	0.9964
0.615	0.9794	0.775	0.9916	0.935	0.9965
0.620	0.9800	0.780	0.9918	0.940	0.9966
0.625	0.9806	0.785	0.9921	0.945	0.9967
0.630	0.9811	0.790	0.9923	0.950	0.9968
0.635	0.9816	0.795	0.9925	0.955	0.9969
0.640	0.9822	0.800	0.9927	0.960	0.9969
0.645	0.9827	0.805	0.9929	0.965	0.9970
0.650	0.9831	0.810	0.9931	0.970	0.9971
0.655	0.9836	0.815	0.9933	0.975	0.9972
0.660	0.9841	0.820	0.9934	0.980	0.9973

表 A.20 アンダーソン–ダーリング検定/(修正型) バウムガートナー検定の極限分布表

z	$\Pr(Z \leq z)$	z	$\Pr(Z \leq z)$	z	$\Pr(Z \leq z)$
0.175	0.0042	0.975	0.6293	1.775	0.8774
0.200	0.0096	1.000	0.6427	1.800	0.8814
0.225	0.0180	1.025	0.6556	1.825	0.8851
0.250	0.0296	1.050	0.6679	1.850	0.8888
0.275	0.0443	1.075	0.6798	1.875	0.8923
0.300	0.0618	1.100	0.6912	1.900	0.8957
0.325	0.0817	1.125	0.7021	1.925	0.8990
0.350	0.1036	1.150	0.7127	1.950	0.9021
0.375	0.1269	1.175	0.7228	1.975	0.9052
0.400	0.1513	1.200	0.7325	2.000	0.9082
0.425	0.1764	1.225	0.7418	2.025	0.9110
0.450	0.2019	1.250	0.7508	2.050	0.9138
0.475	0.2276	1.275	0.7594	2.075	0.9164
0.500	0.2532	1.300	0.7677	2.100	0.9190
0.525	0.2786	1.325	0.7756	2.125	0.9215
0.550	0.3035	1.350	0.7833	2.150	0.9239
0.575	0.3281	1.375	0.7906	2.175	0.9263
0.600	0.3520	1.400	0.7977	2.200	0.9285
0.625	0.3753	1.425	0.8046	2.225	0.9307
0.650	0.3980	1.450	0.8111	2.250	0.9328
0.675	0.4199	1.475	0.8174	2.275	0.9348
0.700	0.4412	1.500	0.8235	2.300	0.9368
0.725	0.4617	1.525	0.8294	2.325	0.9387
0.750	0.4815	1.550	0.8350	2.350	0.9406
0.775	0.5006	1.575	0.8405	2.375	0.9423
0.800	0.5190	1.600	0.8457	2.400	0.9441
0.825	0.5367	1.625	0.8507	2.425	0.9457
0.850	0.5537	1.650	0.8556	2.450	0.9474
0.875	0.5700	1.675	0.8603	2.475	0.9489
0.900	0.5858	1.700	0.8648	2.500	0.9505
0.925	0.6009	1.725	0.8692	2.525	0.9519
0.950	0.6154	1.750	0.8734	2.550	0.9534

(表 A.20 つづき)

z	$\Pr(Z \leq z)$	z	$\Pr(Z \leq z)$	z	$\Pr(Z \leq z)$
2.575	0.9547	3.425	0.9823	4.225	0.9928
2.600	0.9561	3.450	0.9828	4.250	0.9930
2.625	0.9574	3.475	0.9833	4.275	0.9932
2.650	0.9586	3.500	0.9837	4.300	0.9934
2.675	0.9598	3.525	0.9842	4.325	0.9936
2.700	0.9610	3.550	0.9846	4.350	0.9938
2.725	0.9622	3.575	0.9851	4.375	0.9939
2.750	0.9633	3.600	0.9855	4.400	0.9941
2.800	0.9643	3.625	0.9859	4.425	0.9943
2.825	0.9654	3.650	0.9863	4.450	0.9944
2.850	0.9664	3.675	0.9867	4.475	0.9946
2.900	0.9674	3.700	0.9871	4.500	0.9947
2.925	0.9683	3.725	0.9874	4.525	0.9949
2.950	0.9692	3.750	0.9878	4.550	0.9950
2.975	0.9701	3.775	0.9881	4.575	0.9951
3.000	0.9710	3.800	0.9884	4.600	0.9953
3.025	0.9718	3.825	0.9888	4.625	0.9954
3.050	0.9726	3.850	0.9891	4.650	0.9955
3.075	0.9734	3.875	0.9894	4.675	0.9957
3.100	0.9742	3.900	0.9897	4.700	0.9958
3.125	0.9749	3.925	0.9900	4.725	0.9959
3.150	0.9756	3.950	0.9902	4.750	0.9960
3.175	0.9763	3.975	0.9905	4.775	0.9961
3.200	0.9770	4.000	0.9908	4.800	0.9962
3.225	0.9777	4.025	0.9910	4.825	0.9963
3.250	0.9783	4.050	0.9913	4.850	0.9964
3.275	0.9789	4.075	0.9915	4.875	0.9965
3.300	0.9795	4.100	0.9918	4.900	0.9966
3.325	0.9801	4.125	0.9920	4.925	0.9967
3.350	0.9807	4.150	0.9922	4.950	0.9968
3.375	0.9812	4.175	0.9924	4.975	0.9969
3.400	0.9818	4.200	0.9926	5.000	0.9970

表 A.21 ワトソン検定の極限分布表

z	$\Pr(\mathrm{WG} \leq z)$	z	$\Pr(\mathrm{WG} \leq z)$	z	$\Pr(\mathrm{WG} \leq z)$
0.0100	0.0000	0.0900	0.6632	0.1700	0.9302
0.0125	0.0003	0.0925	0.6792	0.1725	0.9336
0.0150	0.0017	0.0950	0.6945	0.1750	0.9368
0.0175	0.0048	0.0975	0.7090	0.1775	0.9398
0.0200	0.0109	0.1000	0.7229	0.1800	0.9427
0.0225	0.0206	0.1025	0.7362	0.1825	0.9455
0.0250	0.0340	0.1050	0.7488	0.1850	0.9481
0.0275	0.0511	0.1075	0.7608	0.1875	0.9506
0.0300	0.0714	0.1100	0.7723	0.1900	0.9530
0.0325	0.0945	0.1125	0.7832	0.1925	0.9553
0.0350	0.1199	0.1150	0.7936	0.1950	0.9574
0.0375	0.1470	0.1175	0.8035	0.1975	0.9595
0.0400	0.1753	0.1200	0.8130	0.2000	0.9614
0.0425	0.2044	0.1225	0.8219	0.2025	0.9633
0.0450	0.2339	0.1250	0.8305	0.2050	0.9650
0.0475	0.2635	0.1275	0.8386	0.2075	0.9667
0.0500	0.2929	0.1300	0.8464	0.2100	0.9683
0.0525	0.3220	0.1325	0.8539	0.2125	0.9698
0.0550	0.3505	0.1350	0.8608	0.2150	0.9713
0.0575	0.3784	0.1375	0.8675	0.2175	0.9727
0.0600	0.4056	0.1400	0.8739	0.2200	0.9740
0.0625	0.4319	0.1425	0.8800	0.2225	0.9752
0.0650	0.4574	0.1450	0.8857	0.2250	0.9764
0.0675	0.4820	0.1475	0.8912	0.2275	0.9776
0.0700	0.5057	0.1500	0.8965	0.2300	0.9787
0.0725	0.5284	0.1525	0.9015	0.2325	0.9797
0.0750	0.5503	0.1550	0.9062	0.2350	0.9807
0.0775	0.5712	0.1575	0.9107	0.2375	0.9816
0.0800	0.5913	0.1600	0.9150	0.2400	0.9825
0.0825	0.6105	0.1625	0.9191	0.2425	0.9833
0.0850	0.6289	0.1650	0.9230	0.2450	0.9841
0.0875	0.6464	0.1675	0.9267	0.2475	0.9849

A. 確率分布表

(表 A.21 つづき)

z	$\Pr(\mathrm{WG} \leq z)$	z	$\Pr(\mathrm{WG} \leq z)$	z	$\Pr(\mathrm{WG} \leq z)$
0.2500	0.9856	0.3350	0.9970	0.4150	0.9994
0.2525	0.9863	0.3375	0.9972	0.4175	0.9994
0.2550	0.9870	0.3400	0.9973	0.4200	0.9994
0.2575	0.9876	0.3425	0.9974	0.4225	0.9995
0.2600	0.9882	0.3450	0.9976	0.4250	0.9995
0.2625	0.9888	0.3475	0.9977	0.4275	0.9995
0.2650	0.9893	0.3500	0.9978	0.4300	0.9995
0.2675	0.9898	0.3525	0.9979	0.4325	0.9996
0.2700	0.9903	0.3550	0.9980	0.4350	0.9996
0.2725	0.9908	0.3575	0.9981	0.4375	0.9996
0.2750	0.9912	0.3600	0.9982	0.4400	0.9996
0.2800	0.9916	0.3625	0.9983	0.4425	0.9996
0.2825	0.9920	0.3650	0.9984	0.4450	0.9997
0.2850	0.9924	0.3675	0.9984	0.4475	0.9997
0.2900	0.9928	0.3700	0.9985	0.4500	0.9997
0.2925	0.9931	0.3725	0.9986	0.4525	0.9997
0.2950	0.9935	0.3750	0.9987	0.4550	0.9997
0.2975	0.9938	0.3775	0.9987	0.4575	0.9997
0.3000	0.9941	0.3800	0.9988	0.4600	0.9997
0.3025	0.9944	0.3825	0.9988	0.4625	0.9998
0.3050	0.9946	0.3850	0.9989	0.4650	0.9998
0.3075	0.9949	0.3875	0.9989	0.4675	0.9998
0.3100	0.9951	0.3900	0.9990	0.4700	0.9998
0.3125	0.9954	0.3925	0.9990	0.4725	0.9998
0.3150	0.9956	0.3950	0.9991	0.4750	0.9998
0.3175	0.9958	0.3975	0.9991	0.4775	0.9998
0.3200	0.9960	0.4000	0.9992	0.4800	0.9998
0.3225	0.9962	0.4025	0.9992	0.4825	0.9998
0.3250	0.9964	0.4050	0.9993	0.4850	0.9998
0.3275	0.9966	0.4075	0.9993	0.4875	0.9999
0.3300	0.9967	0.4100	0.9993	0.4900	0.9999
0.3325	0.9969	0.4125	0.9994	0.4925	0.9999

Appendix B

R 言語の組込み関数

B.1 Rの基本操作

本節では,検定やデータをプロットするために必要な R の基本的な操作方法について紹介する.例えば,$4 \times \pi$ を計算する場合,

```
> 4*pi
```

と入力すると

```
[1] 12.56637
```

のように出力される.実際に R を用いていく中で,我々は結果を後の計算に代入することが多くあるが,R では代入のために <- が多く用いられる.例として,半径 7/3 の円の面積を求める場合,

```
> r <- 7/3
> S <- pi*r^2
> S
```

とすれば,

```
[1] 17.10423
```

を得ることができる.また,データの解析を行う場合,c を用いてデータを結合することが多くある.例えば,

```
> x <- c(2, 3, 5, 7, 11, 13)
```

のようにすることでデータを結合することができる.

```
> x
```

とすると

```
[1] 2 3 5 7 11 13
```

のように出力される.この x の和を求める場合,

```
> sum(x)
```
とすると
```
[1] 41
```
のように出力される.また,平均,標準偏差,分散,長さを求める場合,それぞれ
```
> mean(x)
> sd(x)
> var(x)
> length(x)
```
と入力すると,それぞれの結果として
```
[1] 6.833333
[1] 4.400758
[1] 19.36667
[1] 6
```
を得る.さらに,Rでは数列も簡単に出力することができ,例えば1を6個並べる場合,関数 rep を用いて
```
> y <- rep(1, 6)
> y
```
と入力すれば,
```
[1] 1 1 1 1 1 1
```
と出力され,1から8の間で3つおきに数値を並べる場合,関数 seq を用いて
```
> z <- seq(1, 8, by=3)
> z
```
と入力すれば
```
[1] 1 4 7
```
と出力される.

ここまでは1つのデータについて説明をしてきた.複数のデータを1つのデータにまとめるためには,Rでは data.frame という関数を用いてデータフレームを作成する.例えば,xとyを用いた場合,
```
> D <- data.frame(x,y)
> D
```
と入力すれば
```
    x y
1   2 1
2   3 1
```

```
3  5  1
4  7  1
5 11  1
6 13  1
```

と出力される．ただし，変数は同じ列数の必要がある．さらに，x の平均を計算するためには，

```
> mean(D$x)
```

と入力することで

```
[1] 6.833333
```

という結果を出力させることができる．ちなみに，D$x を D[,1] や D[,'x'] と置き換えても計算することが可能である．また，

```
> as.matrix(D)
```

とすることで，行列

```
     x  y
[1,] 2  1
[2,] 3  1
[3,] 5  1
[4,] 7  1
[5,] 11 1
[6,] 13 1
```

として表すことも可能である．

B.2　R の 乱 数

本節では R の乱数について紹介する．例えば，データが正規分布に従う乱数を発生させたい場合には rnorm というコマンドを用いる．標準正規分布に従う乱数を $n = 10$ 個発生させる場合には

```
> X1 <- rnorm(10)
```

とすれば，10 個の数値を得ることができる．ただし，正規分布の母数 (パラメータ) は平均と分散があるため，例えば，平均 3, 標準偏差 4 の正規分布に従う乱数を 10 個発生させるためには，

```
> X2 <- rnorm(10, 3, 4)
```

とする必要がある．また，pnorm とすると分布関数，dnorm とすると確率密度関数を

表 B.1

確率 (密度) 関数 d 関数 (パラメータ)	累積分布関数 p 関数 (パラメータ)	乱数 r 関数 (パラメータ)
ベータ分布	beta	shape1, shape2, ncp
二項分布	binom	size, prob
コーシー分布	cauchy	location, scale
カイ二乗分布	chisq	df, ncp
指数分布	exp	rate
F 分布	f	df1, df2, ncp
ガンマ分布	gamma	shape, scale
対数正規分布	lnorm	meanlog, sdlog
ロジスティック分布	logis	location, scale
正規分布	norm	mean, sd
ポアソン分布	pois	lambda
t 分布	t	df, ncp
一様分布	unif	min, max
ワイブル分布	weibull	shape, scale

与えることができる．その他の分布については，表 B.1 を参照されたい．

　データを視覚的に捉えることによって，データの特性を知ることが可能となる．そこで，先程発生させた乱数のヒストグラムやプロットした図を出力させる方法を紹介する．X2 のヒストグラムを出力させるためには

```
> hist(X2)
```

と入力し，データをプロットするためには

```
> plot(X1, X2)
```

とすることで，図 B.1 が出力される．

B.3　検　定　統　計　量

　R 言語に組み込まれている基本的な検定統計量の組込み関数について紹介する．関数はアルファベット順に記載してある．プログラムは，基本的には両側検定の表記となっており，構成できる場合は信頼区間など出力できるようにしてある．片側検定や信頼区間など不要な場合には，以下の項目を参照していただきたい．

Histogram of X2

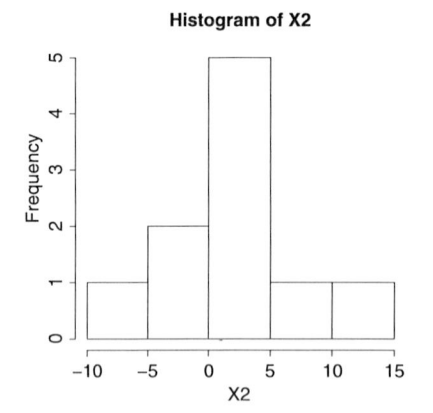

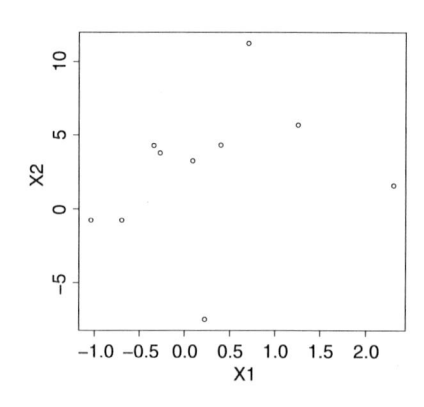

図 B.1

- 片側検定の場合, alternative のオプションを "less" もしくは "greater" とする.
- 信頼係数を変更する場合は, conf.level の数値を変更する.
- 信頼区間を構成しない場合は, conf.int のオプションを FALSE とする.
- 連続性の補正を行う場合は, correct のオプションを TRUE とする.

- アンサリー–ブラッドレー検定 (同順位がない場合)
  ansari.test(data1, data2, paired=FALSE,
  alternative = c("two.sided"),
  conf.int=TRUE, conf.level=0.95, correct=FALSE)

- アンサリー–ブラッドレー検定 (同順位がある場合)
  ansari.exact(data1, data2, paired=FALSE,
  alternative = c("two.sided"),
  conf.int=TRUE, conf.level=0.95, correct=FALSE)
  ただし, パッケージ "exactRankTests" をインストールする必要がある.

- ブルンナー–ムンツェル検定
  brunner.munzel.test(data1, data2, alternative = c("two.sided"))
  ただし, パッケージ "lawstat" をインストールする必要がある.

- ケンドールの順位相関係数
  cor.test(data3, data4, alternative = c("two.sided"),
  method=c("kendall"), conf.int=TRUE, conf.level=0.95)
  ただし, data3 と data4 はベクトルを表しているため, 大きさは等しくなる必要がある. また, 同順位がある場合は警告が出ることに注意されたい.

- ピアソンの相関係数
  cor.test(data3, data4, alternative = c("two.sided"),
  method=c("pearson"), conf.int=TRUE, conf.level=0.95)
  ただし, data3 と data4 はベクトルを表しているため, 大きさは等しくなる必要がある.

- スピアマンの順位相関係数
  cor.test(data3, data4, alternative = c("two.sided"),
  method=c("spearman"), conf.int=TRUE, conf.level=0.95)
  ただし, data3 と data4 はベクトルを表しているため, 大きさは等しくなる必要がある. また, 同順位がある場合は警告が出ることに注意されたい.

- フリードマン検定
  friedman.test(data)
  ただし, data は行列である必要がある.

- ヨンキー–タプストラ検定
  jonckheere.test(data1,gdata, alternative = c("two.sided"))
  ただし, gdata は群の番号を表すベクトルであり, パッケージ "clinfun" をインストールする必要がある. また, 片側検定の場合, two.sided を "increasing" もしくは "decreasing" とする必要がある.

- クラスカル–ウォリス検定 (3 標本)
  kruskal.test(list(data1, data2, data3))
  4 標本, 5 標本, ..., k 標本の場合, data3 の後に data4, data5, ..., datak と加えればよい.

- コルモゴロフ–スミルノフ検定 (1 標本：正規性の検定)
  ks.test(data1,"pnorm", alternative = c("two.sided"),

mean=mean(data1), sd=sd(data1))
指数分布の場合 pnorm を pexp に変更し,パラメータを rate にする.
一様分布の場合, punif とし,パラメータは min および max を用いる.
同順位がある場合は警告が出ることに注意されたい.上記の分布以外の分布については,最後の表を参考にしていただきたい.

- コルモゴロフ–スミルノフ検定 (2 標本)
  ks.test(data1, data2, alternative = c("two.sided"), exact=TRUE)
  同順位がある場合は警告が出ることに注意されたい.

- マクネマー検定
  mcnemar.test(data, correct=FALSE)
  ただし, data は正方行列である必要がある.

- ムード検定
  mood.test(data1, data2, paired=FALSE,
  alternative = c("two.sided"),
  conf.int=TRUE, conf.level=0.95, correct=FALSE)
  ただし,検定統計量は標準化されていることに注意されたい.

- ページ検定
  page.trend.test(data)
  ただし, data は行列である必要がある.また,パッケージ "crank" をインストールする必要がある.

- ウィルコクソン順位和検定 (同順位がない場合)
  wilcox.test(data1, data2, paired=FALSE,
  alternative=c("two.sided"),
  conf.int=TRUE, conf.level=0.95, correct=FALSE)

- ウィルコクソン順位和検定 (同順位がある場合)
  wilcox.exact(data1, data2, paired=FALSE,
  alternative=c("two.sided"),
  conf.int=TRUE, conf.level=0.95, correct=FALSE)
  ただし,パッケージ "exactRankTests" をインストールする必要がある.

- ウィルコクソン符号付き順位検定については, ウィルコクソン順位和検定と同様の関数で, paired=FALSE を paired=TRUE に変更すればよい.

参考文献

Aki, S. (1986). Some test statistics based on the martingale term of the empirical distribution function. *Annals of the Institute of Statistical Mathematics* **38**, 1–21.

Anderson, T.W. (1962). On the distribution of the two–sample Cramér–von Mises Criterion. *The Annals of Mathematical Statistics* **33**, 1148–1159.

Anderson, T.W. and Darling, D.A. (1952). Asymptotic theory of "goodness–of–fit" criteria based on stochastic processes. *The Annals of Mathematical Statistics* **23**, 193–212.

Anderson, T.W. and Darling, D.A. (1954). A test of goodness of fit. *Journal of the American Statistical Association* **49**, 765–769.

Ansari, A.R. and Bradley, R.A. (1960). Rank sum tests for dispersion. *The Annals of Mathematical Statistics* **31**, 1174–1189.

Baumgartner, W., Weiß, P. and Schindler, H. (1998). A nonparametric test for the general two–sample problem. *Biometrics* **54**, 1129–1135.

Berger, V.W. and Zhou, Y. (2005). Kolmogorov–Smirnov tests. In Everitt, B.S. and Howell, D.C. (Eds.) *The encyclopedia of statistics in behavioral science* vol. 2. Wiley, Hoboken, 1023–1026.

Birnbaum, Z.W. (1952). Numerical tabulation of the distribution of Kolmogorov's statistic for finite sample sizes. *Journal of the American Statistical Association* **47**, 425–441.

Brown, G.W. and Mood, A.M. (1950). On median tests for linear hypotheses. *Proceedings of the Second Berkeley Symposium on Mathematical Statistics and Probability.* University of California Press, Berkeley, 159–166.

Brunner, E. and Munzel, U. (2000). The nonparametric Behrens–Fisher problem: asymptotic theory and a small sample approximation. *Biometrical Journal* **42**, 17–25.

Brunner, E. and Munzel, U. (2002). *Nichtparametrische Datenanalyse.* Springer, Berlin.

Büning, H. (2002). Robustness and power of modified Lepage, Kolmogorov–Smirnov and Cramér–von Mises two–sample tests. *Journal of Applied Statistics* **29**, 907–924.

Büning, H. and Thadewald, T. (2000). An adaptive two–sample location–scale test of Lepage type for symmetric distributions. *Journal of Statistical Computation and Simulation* **65**, 287–310.

Capon, J. (1961). Asymptotic efficiency of certain locally most powerful rank tests. *The Annals of Mathematical Statistics* **32**, 88–100.

Cawson, M.J., Anderson, A.B.M., Turnbull, A.C. and Lampe, L. (1974). Cortisol, cortisone, and 11-deoxycortisol level in human umbilical and maternal plasma in relation to the onset of labour. *An International Journal of Obstetrics and Gynaecology* **81**, 737-745.

Chakraborti, S. and van de Wiel, M.A. (2008). A nonparametric control chart based on the Mann-Whitney statistic. *Institute of Mathematical Statistics Collections* **1**, 156-172.

Chernoff, H. and Savage, I.R. (1958). Asymptotic normality and efficiency of certain nonparametric test statistics. *The Annals of Mathematical Statistics* **29**, 972-994.

Chowdhury, S., Mukherjee, A. and Chakraborti, S. (2014). A new distribution-free control chart for joint monitoring of location and scale parameters of continuous distributions. *Quality and Reliability Engineering International* **30**, 191-204.

Cramér, H. (1928). On the composition of elementary errors. *Skandinavisk Aktuarietidskrift* **11**, 13-74, 141-180.

Cucconi, O. (1968). Un nuovo test non parametrico per il confronto tra due gruppi campionari. *Giornale degli Economisti* **27**, 225-248.

Darling, D.A. (1957). The Kolmogorov-Smirnov, Cramér-von Mises tests. *The Annals of Mathematical Statistics* **28**, 823-838.

Darling, D.A. (1983a). On the asymptotic distribution of Watson's statistic. *The Annals of Statistics* **11**, 1263-1266.

Darling, D.A. (1983b). On the supremum of a certain Gaussian process. *The Annals of Probability* **11**, 803-806.

David, F.N. and Barton, D.E. (1958). A test for birth-order effects. *Annals of Human Eugenics* **22**, 250-257.

David, H.A. and Nagaraja, H.N. (2003). *Order Statistics*, 3rd Ed. Wiley, New Jersey.

Davis, T.P. and Lawrance, A.J. (1989). The likelihood for competing risk survival analysis. *Scandinavian Journal of Statistics* **16**, 23-28.

De Jonge, H. (1983). Deficiencies in clinical reports for registration of drugs. *Statistics in Medicine* **2**, 155-166.

Desu, M.M. and Raghavarao, D. (2004). *Nonparametric Statistical Methods for Complete and Censored Data*. Chapman and Hall/CRC.

Duran, B.S., Tsai, W.S. and Lewis, T.O. (1976). A class of location-scale nonparametric tests. *Biometrika* **63**, 173-176.

Euler, L. (1748). *Introductio in analysin infinitorum*. Bousquet & Soc.

Feller, W. (1948). On the Kolmogorov-Smirnov limit theorems for empirical distributions. *The Annals of Mathematical Statistics* **19**, 177-189.

Fisher, R.A. and Yates, F. (1938). *Statistical Tables for Biological, Agricultural and Medical Research*. Olver & Boyd, Edinburgh.

Fleming, T.R., O'Fallon, J.R., O'Brien, P.C. and Harrington, D.P. (1980). Modified Kolmogorov-Smirnov test procedures with application to arbitrarily right-censored data. *Biometrics* **36**, 607-625.

Fligner, M.A. and Policello, G.E. (1981). Robust rank procedures for the Behrens-Fisher problem. *Journal of the American Statistical Association* **76**, 162-168.

Freund, J.E. and Ansari, A.R. (1957). Two-way rank sum tests for variance. *Virginia Polytechnic Institute technical report to office of ordnance research and Notational Science Foundation* **34**, Blacksburg.

Friedman, M. (1937). The use of ranks to avoid the assumption of normality implicit in the analysis of variance. *Journal of the American Statistical Association* **32**, 675–701.

Gibbons, J.D. and Chakraborti, S. (2011). *Nonparametric Statistical Inference*, 5th Ed. Chapman & Hall/CRC, Florida.

Goria, M.N. (1980). Some Locally Most Powerful Generalized Rank Tests. *Biometrika* **67**, 497–500.

Grambsch, P.M. (1994). Simple robust tests for scale differences in paired data. *Biometrika* **81**, 359–372.

Hájek, J., Šidák, Z. and Sen, P.K. (1999). *Theory of rank tests*, 2nd Ed. Academic Press, San Diego.

Hand, D.J., Daly, F., Lunn, A.D., McConway, K.J. and Ostrowski, E. (1994). *A Handbook of Small Data Sets*. Chapman and Hall, London.

Hassan, Y.M. and Hijazi, R.H. (2010). A bimodal exponential power distribution. *Pakistan Journal of Statistics* **26**, 379–396.

Higgins, J.J. (2004). *Introduction to Modern Nonparametric Statistics*. Brooks/Cole.

Hodges, J.L. and Lehmann, E.L. (1956). The efficiency of some nonparametric competitors of the t-test. *The Annals of Mathematical Statistics* **27**, 324–335.

Hoeffding, W. (1948). A class of statistics with asymptotically normal distribution. *The Annals of Mathematical Statistics* **19**, 293–326.

Hollander, M. and Wolfe, D.A. (1999). *Nonparametric Statistical Methods*, 2nd Ed. John Wiley & Sons, New York.

Jonckheere, A.R. (1954). A distribution-free k-sample test against ordered alternatives. *Biometrika* **41**, 133–145.

Joutard, C. (2013). Large deviation approximations for the Mann–Whitney statistic and the Jonckheere–Terpstra statistic. *Journal of Nonparametric Statistics* **25**, 873–888.

Jurečková, J. and Puri, M.L. (1975). Order of normal approximation for rank test statistics distribution. *The Annals of Probability* **3**, 526–533.

Kaplan, E.L. and Meier, P. (1958). Nonparametric estimation from incomplete observation. *Journal of the American Statistical Association* **53**, 457–481.

Karpatkin, M., Porges, R.F. and Karpatkin, S. (1981). Platelet counts in infants of women with autoimmune thrombocytopenia: effects of steroid administration to the mother. *New England Journal of Medicine* **305**, 936–939.

Kendall, M.G. (1938). A new measure of rank correlation. *Biometrika* **30**, 81–93.

Khmaladze, E.V. (1982). Martingale approach in the theory of goodness-of-fit tests. *Theory of Probability and its Applications* **26**, 240–257. (English version).

Klotz, J. (1962). Nonparametric tests for scale. *The Annals of Mathematical Statistics* **33**, 495–512.

Klotz, J. (1964). On the normal scores two-sample rank test. *Journal of the American Statistical Association* **59**, 652–664.

Kolmogorov, A. (1933). Sulla determinazione empirica di una legge di distribuzioe. *Giornale dell'Instituto Italiano degla Attuari* **4**, 83–91.

Kruskal, W.H. (1952). A nonparametric test for the several sample problem. *The Annals of Mathematical Statistics* **23**, 525–540.

Kruskal, W.H. and Wallis, W.A. (1952). Use of ranks in one criterion variance analysis. *Journal of the American Statistical Association* **57**, 583–621.

Kuiper, N. (1960). Tests concerning random points on a circle. *Proceedings of the Koninklijke Nederlandse Akademie van Wetenschappen, Series A* **63**, 38–47.

Lehmann, E.L. (2006). *Nonparametrics: Statistical Methods Based on Ranks*, Revised Ed. Springer, New York.

Lepage, Y. (1971). A combination of Wilcoxon's and Ansari–Bradley's statistics. *Biometrika* **58**, 213–217.

Lu, Y. (2010). A revised version of McNemar's test for paired binary data. *Communications in Statistics— Theory and Methods* **39**, 3525–3539.

Mann, H.B. and Whitney, D.R. (1948). On a test of whether one of two random variables is stochastically larger than the other. *The Annals of Mathematical Statistics* **18**, 50–60.

Marozzi, M. (2008). The Lepage location–scale test revisited. *Far East Journal of Theoretical Statistics* **24**, 137–155.

Marozzi, M. (2009). Some notes on the location–scale Cucconi test. *Journal of Nonparametric Statistics* **21**, 629–647.

Marozzi, M. (2012). A modified Cucconi test for location and scale change alternatives. *Colombian Journal of Statistics* **35**, 369–382.

Marozzi, M. (2014). The multisample Cucconi test. *Statistical Methods and Applications* **23**, 209–227.

McCornack, R.L. (1965). Extended tables of the Wilcoxon matched pair signed rank statistic. *Journal of the American Statistical Association* **60**, 864–871.

McNemar, I. (1947). Note on the sampling error of the difference between correlated proportions or percentages. *Psychometrika* **12**, 153–157.

Meyer, J.P. and Seaman, M.A. (2013). A comparison of the exact Kruskal–Wallis distribution to asymptotic approximations for all sample sizes up to 105. *The Journal of Experimental Education* **81**, 139–156.

Miller, L.H. (1956). Table of percentage points of Kolmogorov statistics. *Journal of the American Statistical Association* **51**, 111–121.

von Mises, R. (1931). *Wahrscheinlichkeitsrechnung und ihre Anwendung in der Statistik und theoretischen Physik*, F. Deuticke, Leipzig-Wien.

Mood, A.M. (1950). *Introduction to the Theory of Statistics*. McGraw-Hill Book Co., New York.

Mood, A.M. (1954). On the asymptotic efficiency of certain nonparametric two-sample tests. *The Annals of Mathematical Statistics* **25**, 514–522.

Moore, D.S. and McCabe, G.P. (2009). *Introduction to the practice statistics*, 6th Ed. Feeman, New York.

Murakami, H. (2006). A k-sample rank test based on the modified Baumgartner statistic and its power comparison. *Journal of the Japanese Society of Computational Statistics* **19**, 1–13.

Murakami, H. (2007). Lepage type statistic based on the modified Baumgartner statistic. *Computational Statistics and Data Analysis* **51**, 5061–5067.

Murakami, H. (2008). A multisample rank test for location–scale parameters. *Communications in Statistics——Simulation and Computation* **37**, 1347–1355.

Murakami, H. (2015). The power of the modified Wilcoxon rank sum test for the one–sided alternative. *Statistics: A Journal of Theoretical and Applied Statistics* **49**, 781–794.

Murakami, H. and Kamakura, T. (2009). A saddlepoint approximation to the distribution of Jonckheere–Terpstra test. *Journal of Japan Statistical Society* **39**, 143–153.

Murakami, H., Kamakura, T. and Taniguchi, M. (2009). A saddlepoint approximation to the limiting distribution of a k-sample Baumgartner statistic. *Journal of Japan Statistical Society* **39**, 133–141.

Murakami, H. and Lee, S-K. (2015). Unbiasedness and biasedness of the Jonckheere–Terpstra and the Kruskal–Wallis tests. *Journal of the Korean Statistical Society*. DOI:10.1016/j.jkss.2014.10.001

Neuhäuser, M. (2000). An exact two–sample test based on the Baumgartner–Weiss–Schindler statistic and a modification of Lepage's test. *Communications in Statistics—Theory and Methods* **29**, 67–78.

Neuhäuser, M. (2001). One–side two–sample and trend tests based on a modified Baumgartner–Weiss–Schindler statistic. *Journal of Nonparametric Statistics* **13**, 729–739.

Nikitin, Y. (1995). *Asymptotic Efficiency of Nonparametric Tests*. Cambridge University Press, New York.

Odeh, R.E. (1972). On the power of Jonckheere's k-sample test against ordered alternatives. *Biometrika* **59**, 467–471.

Page, E.B. (1963). Ordered hypotheses for multiple treatments: A significance test for linear ranks. *Journal of the American Statistical Association* **58**, 216–230.

Pearson, K. (1900). On the criterion that a given system of deviations from the probable in the case of a correlated system of variables is such that it can be reasonably supposed to have arisen from random sampling. *Philosophical Magazine Series 5* **50**, 157–175.

Pesarin, F. (2001). *Multivariate permutation tests with applications in Biostatistics*. Wiley & Sons, Chichester.

Pettitt, A.N. (1976). A two–sample Anderson–Darling rank statistic. *Biometrika* **63**, 161–168.

Pitman, E.J.G. (1948). *Lecture Notes on Nonparametric Statistics*. Columbia University, New York.

Randles, R.H. and Hogg, R.V. (1971). Certain uncorrelated and independent rank statistics. *Journal of the American Statistical Association* **66**, 569–574.

Rublík, F. (2005). The multisample version of the Lepage test. *Kybernetika* **41**, 713–733.

Rublík, F. (2007). On the asymptotic efficiency of the multisample location–scale rank tests and their adjustment for ties. *Kybernetika* **43**, 279–306.

Rutkowska, A. and Banasik, K. (2014). The Cucconi test for location–scale alternatives in application to asymmetric hydrological variables. *Communications in Statistics——Simulation and Computation.*
DOI:10.1080/03610918.2014.911897

Shan, G., Ma, C., Huston, A.D. and Wilding, G.E. (2013). Some tests for detecting trends based on the modified Baumgartner–Weiß–Schindler statistics. *Computational Statistics and Data Analysis* **57**, 246–261.

Siegel, S. and Tukey, J.W. (1960). A nonparametric sum of ranks procedure for relative spread in unpaired sample. *Journal of the American Statistical Association* **55**, 429–445.

Smirnov, N.V. (1936). Sur la distribution de ω^2. *Comptes Rendus* **202**, 449–452.

Smirnov, N.V. (1939). Estimate of deviation between empirical distribution functions in two independent samples. *Bulletin of Moscow University* **2**, 3–16. (in Russian).

Smirnov, N.V. (1948). Table for estimating the goodness of fit of empirical distributions. *The Annals of Mathematical Statistics* **19**, 279–281.

Smith, P.J. (1995). A recursive formulation of the old problem of obtaining moments from cumulants and vice versa. *American Statistician* **49**, 217–218.

Spearman, C. (1904). The proof and measurement of association between two things. *The American Journal of Psychology* **15**, 72–101.

Tamura, R. (1963). On a modification of certain rank tests. *The Annals of Mathematical Statistics* **34**, 1101–1103.

Terpstra, T.J. (1952). The asymptotic normality and consistency of Kendall's test against trend, when ties are present in one ranking. *Indagationes Mathematicae* **14**, 327–333.

Terry, M.E. (1952). Some rank order tests which are most powerful against specific parametric alternatives. *The Annals of Mathematical Statistics* **23**, 364–366.

Tsai, W.S., Duran, B.S. and Lewis, T.O. (1975). Small-sample behavior of some multisample nonparametric tests for scale. *Journal of the American Statistical Association* **70**, 791–796.

van der Waerden, B.L. (1952/1953). Order tests for the two sample problem and their power, I, II, III. *Indagationes Mathematicae* **14**, 453–458; *Indagationes Mathematicae* **15**, 303–310, 311–316; Correction: *Indagationes Mathematicae* **15**, 80.

Watson, G.S. (1961). Goodness-of-fit tests on a circle. *Biometrika* **48**, 109–114.

Watson, G.S. (1976). Optimal invariant tests for uniformity. *Studies in Probability and Statistics*. North Holland, Amsterdam, 121–127.

van de Wiel, M.A., Di Bucchianico, A. and van der Laan, P. (1999). Symbolic computation and exact distributions of nonparametric test statistics. *Journal of Royal Statistical Society. Series D* **48**, 507–516.

参 考 文 献

Wilcoxon, F. (1945). Individual comparisons by ranking methods. *Biometrics* **1**, 80–83.
Wilcoxon, F., Katti, S.K. and Wilcox, R.A. (1973). Critical values and probability levels for the Wilcoxon rank sum test and the Wilcoxon signed rank test. *Selected Tables in Mathematical Statistics* **1**, American Mathematical Society, Providence.
柳川 堯. (1982). ノンパラメトリック法. 培風館.
Yarnold, J.K. (1970). The minimum expectation in χ^2 goodness of fit test and the accuracy of approximation for the null distribution. *Journal of the American Statistical Association* **65**, 864–886.

索　引

ア　行

アンサリー–ブラッドレー検定 (Ansari–Bradley test)　69
アンダーソン–ダーリング検定 (Anderson–Darling one-sample test)　29

1 元配置分散分析　89

ウィルコクソン順位和検定 (Wilcoxon rank sum test)　55
　　——の漸近検出力　59
ウィルコクソン符号付き順位検定 (Wilcoxon signed-rank test)　33
　　同順位　36
　　——の積率母関数　35
　　——の漸近検出力　35

カ　行

カプラン–マイヤー推定量 (Kaplan-Meier estimator)　41

局所最強力検定　53
　　アンサリー–ブラッドレー検定　70
　　ウィルコクソン順位和検定　59
　　正規スコア検定　65
　　ムード検定　67
　　メディアン検定　63

クッコニ検定 (Cucconi test)　80

クラスカル–ウォリス検定 (Kruskal-Wallis test)　91
クラメール–フォン・ミーゼス検定 (Cramér-von Mises one-sample test)　28
グリヴェンコ–カンテリ (Glivenko-Cantelli) の定理　22

経験分布関数　21
ケンドールの一致係数 (Kendall's coefficient of concordance)　104
ケンドールの検定 (Kendall's test)　132
ケンドールの順位相関係数 (Kendall coefficient τ)　127

コルモゴロフ–スミルノフ検定 (Kolmogorov-Smirnov one-sample test)　23

サ　行

シーゲル–テューキー検定 (Siegel-Tukey test)　72
順序統計量 (order statistics)　1
　　中央値の確率密度関数　14
　　同時確率密度関数　10
　　同時分布　11
　　幅　15
　　分布関数　5
　　密度関数　4

スピアマンの順位相関係数 (Spearman's

coefficient of rank correlation) 134
正規スコア検定 (normal score test) 64, 73
生存関数 41
積率 5
漸近効率 (asymptotic efficiency)
　修正型ウィルコクソン順位和検定の── 114
　修正型順位和検定の── 120
漸近相対効率 (asymptotic relative efficiency) 109
　アンサリー–ブラッドレー検定の── 119
　一般化レページ検定の── 121
　正規スコア検定の── 113
　マン–ホイットニー検定の── 111
　ムード検定の── 117
線形順位相関係数 135
線形順位和検定 (linear rank sum test) 47
　──の確率母関数 48
　──のキュムラント 48
　──の積率母関数 48

タ 行

多標本アンサリー–ブラッドレー検定 (multisample Ansari–Bradley test) 98
多標本正規スコア検定 (multisample normal score test) 100
多標本バウムガートナー検定 (multisample Baumgartner test) 101
多標本ファン・デル・ヴェルデン型検定 (multisample van der Waerden-type test) 100
多標本ムード検定 (multisample Mood test) 96
多標本メディアン検定 (multisample median test) 101
多標本レページ検定 (multisample Lepage test) 100
チェルノフ–サーベッジの漸近正規性 (Chernoff–Savage's asymptotic normality theorem) 51
適合度検定 20
同時積率 12
独立性の検定 (tests of independence) 131

ナ 行

2元配置分散分析 102
2標本クラメール–フォン・ミーゼス検定 (Cramér–von Mises two-sample test) 85
2標本コルモゴロフ–スミルノフ検定 (Kolmogorov–Smirnov two-sample test) 82

ハ 行

バウムガートナー検定 (Baumgartner test) 86
ピアソンの χ^2 検定 (Pearson's χ^2 test) 20
ピアソンの標本相関係数 (Pearson correlation coefficient) 125
標本順位相関係数 (Kendall's sample tau coefficient) 129
フィッシャー–ピットマンの並べ替え検定 (Fisher–Pitman permutation test) 55
符号検定 (sign test) 38
　──の漸近検出力 40
フリードマン検定 (Friedman test) 103
ブルンナー–ムンツェル検定 (Brunner–Munzel test) 78

ページ検定 (Page test) 106

マ 行

マクネマー検定 (McNemar test) 43
マン-ホイットニーの U 検定
　　(Mann–Whitney U-test) 60

ムード検定 (Mood test) 67

メディアン検定 (Mood median test) 62
　——の漸近検出力 63

ヤ 行

ヨンキー-タプストラ検定 (Jonckheere-
　　Terpstra test) 94
　——の確率母関数 94
　——の積率母関数 95

ラ 行

リリフォース検定 (Lillifors test) 26

レページ検定 (Lepage test) 76

ワ 行

ワトソン検定 (Watson test) 30

著者略歴

村上 秀俊
(むら かみ ひで とし)

1978年　福島県に生まれる
2007年　中央大学大学院理工学研究科数学専攻博士後期課程修了
　　　　中央大学助教, 防衛大学校講師を経て
現　在　東京理科大学理学部第一部数理情報科学科講師
　　　　博士 (理学)

統計解析スタンダード
ノンパラメトリック法　　　定価はカバーに表示

2015年 9月10日　初版第1刷
2022年 5月25日　　　第4刷

著　者　村　上　秀　俊
発行者　朝　倉　誠　造
発行所　株式会社 朝　倉　書　店

東京都新宿区新小川町6-29
郵便番号　162-8707
電　話　03(3260)0141
Ｆ Ａ Ｘ　03(3260)0180
https://www.asakura.co.jp

〈検印省略〉

© 2015 〈無断複写・転載を禁ず〉

中央印刷・渡辺製本

ISBN 978-4-254-12852-9　C 3341　　Printed in Japan

JCOPY　<出版者著作権管理機構 委託出版物>

本書の無断複写は著作権法上での例外を除き禁じられています. 複写される場合は, そのつど事前に, 出版者著作権管理機構 (電話 03-5244-5088, FAX 03-5244-5089, e-mail: info@jcopy.or.jp) の許諾を得てください.

好評の事典・辞典・ハンドブック

数学オリンピック事典 野口　廣 監修
B 5 判 864頁

コンピュータ代数ハンドブック 山本　慎ほか 訳
A 5 判 1040頁

和算の事典 山司勝則ほか 編
A 5 判 544頁

朝倉 数学ハンドブック［基礎編］ 飯高　茂ほか 編
A 5 判 816頁

数学定数事典 一松　信 監訳
A 5 判 608頁

素数全書 和田秀男 監訳
A 5 判 640頁

数論＜未解決問題＞の事典 金光　滋 訳
A 5 判 448頁

数理統計学ハンドブック 豊田秀樹 監訳
A 5 判 784頁

統計データ科学事典 杉山高一ほか 編
B 5 判 788頁

統計分布ハンドブック（増補版） 蓑谷千凰彦 著
A 5 判 864頁

複雑系の事典 複雑系の事典編集委員会 編
A 5 判 448頁

医学統計学ハンドブック 宮原英夫ほか 編
A 5 判 720頁

応用数理計画ハンドブック 久保幹雄ほか 編
A 5 判 1376頁

医学統計学の事典 丹後俊郎ほか 編
A 5 判 472頁

現代物理数学ハンドブック 新井朝雄 著
A 5 判 736頁

図説ウェーブレット変換ハンドブック 新　誠一ほか 監訳
A 5 判 408頁

生産管理の事典 圓川隆夫ほか 編
B 5 判 752頁

サプライ・チェイン最適化ハンドブック 久保幹雄 著
B 5 判 520頁

計量経済学ハンドブック 蓑谷千凰彦ほか 編
A 5 判 1048頁

金融工学事典 木島正明ほか 編
A 5 判 1028頁

応用計量経済学ハンドブック 蓑谷千凰彦ほか 編
A 5 判 672頁

価格・概要等は小社ホームページをご覧ください．